# 芦生原生林を歩きつくす

## フィールドワーク20年の調査と発見

福本　繁

写真／福本　繁

# はじめに

京都大学フィールド科学教育研究センター芦生研究林は、一九二一年に京都帝国大学芦生演習林として始まり、二〇二一年四月に一〇〇周年を迎えた。芦生研究林は京都大学が所有する森ではない。地元から九九年間の地上権契約を結び京都大学がお借りしてきた森だ。その契約が二〇二〇年四月に終わり、新たに三〇年間の契約を結んだ。

この節目に、芦生研究林の特色とはなにか、その特色をどのように今後活かしていくかをずっと考えてきた。多様な生き物がいて、多様な人が関わってきた。これが芦生研究林の特色だろう。自然科学から社会科学、人文学など多様な研究者が研究している。研究者だけでなく、ＮＰＯ、行政、猟師さん、ボランティアの皆さんも関わっている。ガイドの皆さんもどこでいつ何が咲くのか、どんなきのこが見られるのかをよく知っている。そして市民科学者もおられ、長期モニタリングを行っている。その一人が本書の著者の福本さんである。彼は多様な生き物を見つめ、市民科学者として調査と保全に関わってこられた。とにかく芦生全域を歩きまくり、熟知している。

さらに芦生ではこの多様な人が互いに刺激しあい、新たなものを作り上げていっている。福本さんはまさにそのような例でもある。福本さんの重厚なデータから、植物の危機的状況が明らかになってきた。そこに京都大学の阪口翔太先生の科学的な分析や保全生態学が加わった。芦生研究林はこれまで生物多様性の保全に対し、動きが鈍かったのは認めざるを得ない。それは樹木の成長や木材生産を主眼とする林学を中心として管理してきたからであろう。私自身、福本さんや阪口先生に啓蒙されて、希少植物種の重要性に気づかされた。その一つの成果が希少植物種の域外保全プロジェクトである。危機的な状況にある植物種から種子を採取し、京都大学や京都府立植物園などの生育地外（域外）で生育させ、万が一自生地で絶滅しても、系統が途絶えないようにするものである。さらに、福本さんによるフガクスズムシソウの発見は、芦生の森の価値や奥深さを改めて私たちに教えてくれた。

　福本さんとは、大面積シカ柵の植生調査のときに初めて会ったのではないかと記憶している。それまでにも、樹木の枝の伸び方に関する私の超マニアックな論文を読んでくれていたと聞いていた。お会いした第一印象は大変腰の低い、物腰穏やかな人という印象であった（年長の方にむかって腰が低いというのは失礼な表現だが）。しかし、その後、付き合うにつれて、福本さんの矜持や熱い想いを感じていった。市民科学者であることは、大学教員とは違った自由さがある一方で、研究費もなくすべて自費で調査や保全をされてこられたのは、大変なご苦労だったと思う。こうしたご苦労とそれを乗り越えてきた情熱は、この本の随所に感じ取ることができる。

本書をぜひ多くの人に読んでほしい。芦生に関わる研究者、ガイド、教職員にとっては、福本さんの眼を通して見える芦生の情景にうなずき、新たな芦生を発見することになるだろう。芦生を初めて訪れる学生やハイカーにとっては、最新のガイドブックとなる。

しかし、本書は芦生と関わりを持っていない人にもぜひ読んでほしい。特に研究を目指している学生である。この本には地道な観察から新たな仮説を生み出すプロセスが描かれている。その仮説とはタヌキの溜糞場に生える植物はシカに食べられにくいというものである。さらにその仮説が研究者によって検証された事例が描かれている。最近は学生や研究者のフィールド離れが激しい。フィールドにきても一瞬でサンプルやデータをとって、あとは研究室で分析、データ解析、シミュレーションなどをおこなう研究がはやりだ。さらには人がとったデータを解析する場合もある。私自身も、最近は全国のデータを使った研究へとテーマを広げてきた。それはそれで大事なのだが、やはり地道な野外調査というものも大事である。自然のなかでは、人間の想像を超えた様々な世界が広がっている。野外の観察や体験を続けることでしか得ることができないものがある。野外研究者も福本さんのように自然の中で様々なことを感じている。しかし、それは上手に言葉にできないし、研究論文にも書くこともない。それがこの本では生き生きと美しい写真とともに描かれている。
　二〇二〇年から新型コロナウィルス感染症が拡大し、多くの方が亡くなられ、この原稿を書いているときもご苦労されておられる。その起源は野生動物と言われている。また気候変動が待ったなしの課題となっており、豪雨といった自然災害にも直面している。今、人間社会と自然との関係が問われている。しかし、多くの人、特に都市住民にとって自然は遠い存在である。こうした方でも、本書は楽しく読みながら、生態系の複雑さ、強靭さともろさ、シカの食害について学ぶことができる。市民科学者が書いた本だからこそ、人の心に届きやすい。ひとりでも多くの人が本書を通じて、芦生の森の魅力とシカの食害の課題を知っていただき、豊かな森の再生にむけてお力を貸していただけたらと願う。

京都大学フィールド科学教育研究センター芦生研究林　林長　石原正恵

芦生原生林を歩きつくす

# 目次

●写真
扉／苔むすトチノキ

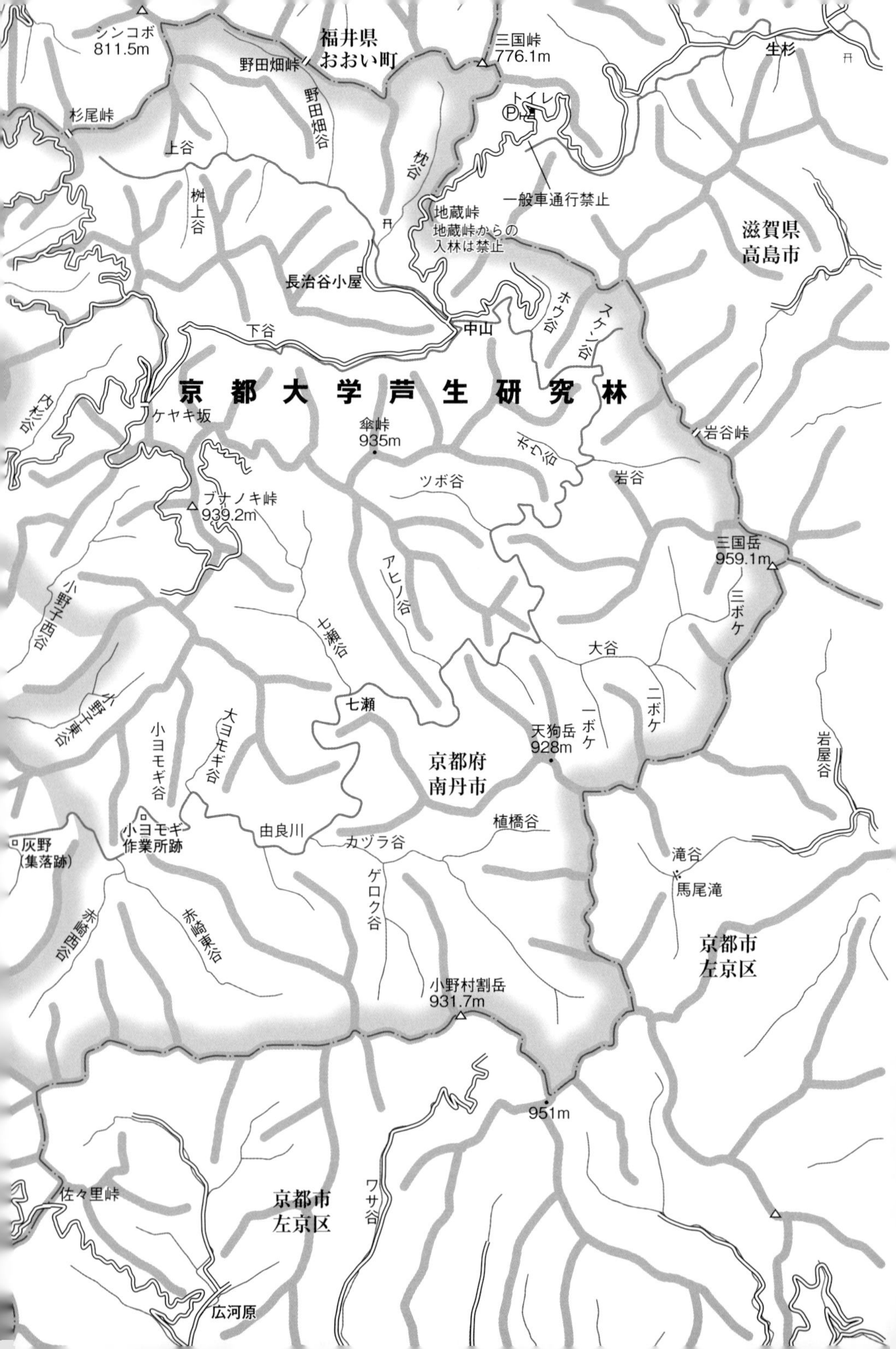
シンコボ
811.5m
福井県
おおい町
野田畑峠
三国峠
776.1m
生杉
杉尾峠
野田畑谷
トイレ
上谷
枕谷
一般車通行禁止
桝上谷
地蔵峠
地蔵峠からの
入林は禁止
滋賀県
高島市
長治谷小屋
ホウ谷
スケン谷
下谷
中山
京都大学芦生研究林
内杉谷
ケヤキ坂
傘峠
935m
岩谷峠
ホウ谷
ツボ谷
岩谷
ブナノキ峠
939.2m
三国岳
959.1m
アヒノ谷
小野子西谷
三ボケ
七瀬谷
大谷
七瀬
小野子東谷
大ヨモギ谷
小ヨモギ谷
一ボケ
二ボケ
天狗岳
928m
京都府
南丹市
岩屋谷
植橋谷
小ヨモギ
作業所跡
由良川
カヅラ谷
灰野
(集落跡)
滝谷
馬尾滝
ゲロク谷
赤崎西谷
赤崎東谷
京都市
左京区
小野村割岳
931.7m
951m
ワサ谷
佐々里峠
京都市
左京区
広河原

## 京都大学フィールド科学
## 教育研究センター
# 芦生研究林
# 位置図

国土地理院地形図
（2万5千分の1）

「古屋」・「中」・「久多」・「久坂」

丹波国（現京都府）の北東部にある芦生研究林は、その北東にある三国峠で若狭国（現福井県）と近江国（現滋賀県）に接し、東端にある三国岳付近で近江国と山城国（現京都府）に接している。この近江国と山城国との三国境にある三国岳が、芦生研究林内の最高点で標高 959.1 mである。杉尾峠付近を源とする由良川は、輪を描くように芦生研究林内を流れ下り、日本海（若狭湾）に達する延長 146km の一級河川であり、本書では研究林事務所付近から七瀬までを由良川下流、七瀬から岩谷出合付近までを由良川中流、それより上流を由良川上流と呼ぶことにする。由良川中流付近は、「由良川渓谷」とも称せられるように、芦生研究林内で最も険しい場所の一つであり、その両側の森林は芦生研究林のなかで最も人為的干渉の少ない場所の一つである。

## 一般の方の芦生研究林への入林方法

芦生研究林は大学の教育・研究の場です。また貴重な生物が生育・生息しており、保全的管理をしています。そのため、一般の方の入林は一部のルートのみ許可しています。しかし、許可していない場所への入林や遭難があとを絶ちません。地形が複雑で、携帯電話なども通じません。シカの過採食により下草がなくなり、踏み跡もわかりません。遭難防止ならびに自然保護のため、許可していない場所へ入林しないよう、お願いいたします。

入林できるルート・入林方法については、芦生研究林のホームページをご覧ください。(https://fserc.kyoto-u.ac.jp/wp/ashiu/use#visit)

より広範なルートを見学されたい場合は、一般社団法人「芦生もりびと協会」のガイド団体によるガイドツアーをご利用ください。認定ガイドは、芦生の森を熟知しており、安全に配慮した上で、最新の研究成果をわかりやすく解説してくれます。詳細は芦生もりびと協会のホームページをご覧ください。

(https://ashiu-moribito.jp/)

1 芦生原生林への誘い

# 芦生原生林の未来のために

由良川上流

原生林といわれるような森に入ると、自分がちっぽけな存在でしかないように感じる。大木が立ち並ぶ森は確かに視覚的に人間を小さな存在に見せている、しかしそれは目を閉ざしてみても変わらない。原生林は多様な生きものが長い年月をかけて作り出してきた世界であり、そこに漂う空気（湿度や香りなど）そのものさえ違っている。それは時間の蓄積にほかならず、数十年生きただけの自分との圧倒的な時間の差が自分をちっぽけな存在に感じさせているのかもしれない。それでもその森はとても居心地がいいのだ。そこにいるだけで日常をすっかり忘れさせてくれる。これからお話しようとしているのは、京都からさほど遠くないところにあるそんな森のことである。

## 芦生原生林への道

京都は魅力ある地だ。伝統や歴史的な建造物の多彩さなどは当然としても、周囲を山に囲まれその山々を源とする鴨川が街の中心を流れている。そんな自然に恵まれた人口一〇〇万人以上が暮らす街でもある。その鴨川の岸に立って北側を眺めると、鴨川源流の山々が連なっているのを見ることができる、ここは北山と呼ばれる一帯で、古くから岳人たちの揺籃の地となっている。街に近接した辺りはさすがに里臭く、ハイカーでにぎわっているが、北へ行くほど人の気配は消え生きものたちの世界に入っていく。

鞍馬寺で有名な鞍馬から、北山を突き抜けて北へ向かってつづら折れの峠道を二つ越えて行くと、ようやくこれから紹介しようとする原生林、京都大学芦生研究林に着く、車でも一時間半ほどかかり何度通っていても遠い、やっと着いたというような気になる。冬季はこのルートが通行止めになるため、高雄から周山街道を経て由良川に下り、そのまま由良川を遡って芦生研究林に入る。こちらは最近長いトンネルができたお蔭でカーブの多い峠道から解放され、時間的にも短縮されたが、それでも鞍馬経由よりはまだ少し時間がかかるようだ。ただ山道に慣れていない人であればかえって早く着くかもしれないし、車酔いをする人にはこちらのルートの方がいいかもしれない。

## 芦生原生林の歴史と概要

芦生研究林のホームページには、「本研究林（四一八五・六ヘクタール）は、京都市の北約三五キロメートルにあり、福井県と滋賀県に接する京都府北東部、由良川の源流域に位置する。標高は三五五～九五九メートルで、標高六〇〇～八〇〇メートルの部分が全面積の約三分の二を占める。丹波高地にみられる準平原状の地形を呈しているが、斜面部は全般的に急峻であり、傾斜は三〇～四〇度のところが多い。地質は中・古生層に属する丹波帯と呼ばれる砂岩や泥岩（頁岩）の基盤岩に東西に延びるチャート層を挟む。チャートが卓越する場所では急崖や滝が形成されている。」と記されている。面積が約四二〇〇ヘクタールと言っても実感としては捉えにくい、四二平方キロメートルのことであり、一辺七キロメートルと六キロメートルの長方形の広さであるがこれでもまだ分からない。具体的にはほぼ京都駅以北の京都市街全域、大阪であれば環状線内の約二倍の

**チャートの地層**　川沿いの岩が露出したところでは、褶曲した美しい縞模様のチャートからなる地層がよく見られる。チャートは生物の遺体が海底に堆積してできた岩だといわれており、太平洋の海底で作られた岩がここまではるばる旅をしてきたのだと考えると、壮大な地球のドラマを見るようだ。

**隆起準平原**　地殻変動により隆起した平原状の台地の名残で、遠くから眺めると平坦な山の連なりのように見える。そのため目標になるような山がなく、また同じような地形が続くので、迷うとどこにいるのか見当がつかなくなる。遭難者が後を絶たないのもそのような地形だからだろう。

**隆起準平原の残丘**　平原状の台地が浸食される中で、山頂部には浸食されずに取り残された平坦部が所々に残っている。そのような場所には、ブナを主とする落葉樹の原生林が広がっていることがあり、そこに入ると京都市内からさほど遠くないところにいるということを忘れてしまうほど人気を感じさせない。

広さ、東京であれば山手線内の約三分の二の広さになる。しかし山地であるため凹凸が激しく、周囲を歩くとすれば三日は十分にかかる。更に研究林内をくまなく歩こうとすると大変だ、地形が複雑で急峻な場所が多く、かつて私が「もう行くところがなくなった」と思うまで約七年、三〇〇日以上もかかってしまったことからもその広大さが分かっていただけるだろう。

　芦生研究林の地図を見ていると、複式火山のカルデラに似ているなあといつも思う。カルデラで有名な阿蘇山は、一番外側に外輪山がありその内側にカルデラ盆地が、そして中央に中央火口丘がある。

これを芦生研究林に置き換えると、芦生研究林の外周に円を描くように山の連なりがありこれを外輪山に、その内側を由良川とその支流である櫃倉谷・内杉谷が輪のように流れておりこれをカルデラ盆地に、さらにその内側に傘峠やブナノ木峠などの標高九〇〇メートルを越える部分がありこれを中央火口丘に、それぞれ例えることができるのではないかと。ただカルデラ盆地に当たるところは渓谷になっている場所が多く、この部分だけは例えとしてふさわしくないが、イメージとしては捉えていただけるのではないだろうか。

**支流は険しい地形になっている**　緩やかな山頂部とは対照的に、由良川の本流や大きな支流に向かって急激に傾斜を強める。そのため誤って谷を下ると大きな滝に出遭って下れなくなることもある。また無事に由良川まで下ることができても、さらに集落まで半日以上かかることもあり、標高こそ1000mに満たないが危険な山地だ。

**見える範囲全てが原生林**　ここは芦生でも最も奥深い場所であり、ここへ入るための歩道はなく、半日ほど費やして由良川を遡って行かなければならない。写真に写っている部分だけで芦生全体の6分の1程度の広さがあり、しかもそのすべてが人の手のほとんど入っていない原生林、いかに広大であるかが分かる。

ホームページに戻ろう、「本研究林は、大正十（一九二一）年、学術研究及び実地演習を目的として、旧知井村の九ケ字共有林の一部に九十九年間の地上権を設定し、芦生演習林と称したことに始まる。大正十二（一九二三）年、事務所、苗畑、宿舎等の用地として、五・九ヘクタールを購入した。平成十五（二〇〇三）年四月、フィールド科学教育研究センターの発足に伴い、森林ステーション・芦生研究林と改称された。」とあり、ここには芦生研究林が京都大学の所有ではなく、土地を使用する権利である地上権に基づいていることが記されている。このことが後になり、大規模な天然林の伐採をなかなか中断できなかったことや、揚水発電所計画に対して地権者の意思を無視できない立場に置かれたことなど、様々な場面で地元地権者との間で意見を調整しなければならない微妙な立場を要求される結果へとつながっていく。二〇二〇年には地上権の期間が終了することになり、結果的には三〇年間の期間に短縮して更新されたのであるが、京都大学、地権者双方にそれぞれの事情や思惑があって、合意に至るまでの調整はなかなか大変だったと思う。この交渉に直接関わられた林長の石原さんのご苦労が偲ばれる。

さらにホームページを見ると、「本研究林は、気候区分では日本海型と太平洋型の移行帯に位置し、植生区分の上からも暖温帯林と冷温帯林の移行帯に当たるため、植物の種類が多い。著名な分類学者の中井猛之進博士が「植物ヲ學ブモノハ一度ハ京大ノ芦生演習林ヲ見ルベシ」（一九四一年）と書いた森林である。（中略）本研究林内で確認されている種数は、木本植物（亜種含む）が二四三種、草本植物が五三二種、そしてシダ植物が八五種となっている。（中略）本研究林の冷温帯下部に属する天然林は、大規模に残された森林として西日本有数であり、貴重なものとなっている。（中略）現在、本研究林の全面積（約四二〇〇ヘクタール）の約半分は、地上権の設定以降、人手が加えられていない天然林である。この天然林の中には、森林の成立以降大きな人為が殆ど加わっていないと考えられる原生的な部分も含まれている。」とある。

　この記述からでも芦生研究林（以下「芦生」といい、組織体としての芦生研究林を「研究林」という）の貴重さがお分かりいただけると思うが、京都という歴史のある大都市からそれほど離れていない場所に、広大な原生林（天然林）が残されていること自体奇跡とさえいえるのではないだろうか。それでは現在もなお、この状況に変化がないのだろうか？　もしも変化があればどのようなことであり、それは解決できることなのだろうか？

## 二〇年間、一〇〇〇日の体験

　それらについてはこれから述べようとしているところであり、私の一〇〇〇日を超える芦生滞在のなかで、つぶさに見続け体験してきた出来事を、私の思いと共に伝えたいと思う。現在の芦生は、時期を同じくして始まったナラ枯れとシカの採食被害、そしてそれらが間接的に引き起こす土砂崩れの頻発など、様々な現象が森の荒廃をもたらしている。都会の中だけで日々の生活を完結されている方々には全く別次元の出来事として捉えられるかもしれないが、河川への土砂流入が貯水池の能力低下につながり、渇水期には水不足が心配されることにもなろう。花蜂がいなくなってくれば、果実が稔らなくなって果物の値段も高騰するかもしれない。これらの現象はひとり芦生内だけで生じているのではなく、日本中の森林で起こっているまたは起こりつつある現象でもある。自然環境の劣化はある日突然大きな変化を伴ってやってくる、そこまではゆっくりと気が付かないほどゆっくりと進むのだ。

　現在の芦生に関わる人々の中には、熱い思いを持った人達が集まっている、前述の石原林長をはじめ本文に登場する方々が。これほど人材に恵まれた時代はもう二度と訪れないかもしれない。「今ならまだ間に合う」そんな思いを持っていただけたとしたら私の役目は十分果たせたと思う。

# 芦生　春・夏・秋・冬

上　早春の上谷
下　雨の野田畑谷

上　由良川上流の秋
下　雪庇を見上げる

1 芦生原生林への誘い

# 原生林の四季

傘峠

芦生は主に日本海側に位置するため、冬季の降雪量が多く四季の変化がはっきりとしている。そんな変化に富んだ森を通年にわたり訪れるなかで、心に残る印象的な風景やそこで繰り広げられる生きものたちのドラマを、機会あるごとに撮りためた写真を用いながら紹介し、芦生のありのままの姿をまずはご覧いただきたいと思う。

## 春の森

三月の声を聞くと雪の降る日はわずかとなり、代わって雨の降る日が多くなる。少し強い雨が降った後に森を訪ねると、変化の大きさに驚かされることがある。雪に覆われていた山肌に黒々とした地肌が現われ、雪融け水を合わせた川は水嵩を増し濁流となって流れている。その後晴れた日に再び訪れると、水量はまだ多いものの澄み切った水が流れ、川底の石は洗われて本来の色を取り戻し、流れはいっそう清らかに感じる。

それでも谷底や緩やかな尾根上などにはまだ豊かに雪が残り、そんな残雪の森を歩くと、雪の下に空いた空洞に足を落とし脱出に苦労することがある、まるで落とし穴のようだ。そのような場所には決まって倒木や大きな岩があり、それが分かってくると、雪の上にわずかな盛り上がりを見つけた

春の由良川支流

**雪を跳ねのけたスギ**　残雪の森を歩いていると、突然雪を跳ねのけて樹が立ち上がることがある。静かな森の中で自分の足音しか聞こえない、そんな状態のときに不意打ちを食うようにバサッと大きな音がするのだから驚く。しかし考えてみると、冬の間中雪を跳ねのけようとしてずっと頑張っていたのだ。

**根開け**　樹木は、雪に比べると黒っぽい肌をしている。そのため雪よりも熱を吸収しやすく、樹木に接する所から雪が融けていくのだろう。そしていったん隙間が開くと、樹木と雪の間に風が入り、さらに雪融けが早まる。そのようにして樹木の周りからリング状に雪が消えていく。

ときは必ず盛り上がりの一番高い場所に足を置くようにしている。さらに季節が進むと「根《ね》開《あ》け」といって、立木の根元回りの雪がリング状に融けているのを発見するようになる、雪の落とし穴と同じように樹木に接するところから雪が融けていくからだろう。

雪融けは川の岸から始まる。そんな場所ではバイケイソウやトリカブトが新葉を持ち上げ、色彩の乏しかった森の中が急に華やぎ、眠っていた森が目覚め始めたことを教えてくれる。しかし季節は行きつ戻りつしながら進んでいく。麓の冷たい雨は山の上では雪であることが多く、晴れた日に久々の新雪を踏んで歩くと眩しくて目を開けていられないほどだ。また川の水面は、降り注ぐ光と新雪に跳ね返えされる光を受けてキラキラと輝き、せせらぎの音はボコボコ・チュラチュラと春の序曲を奏でているかのよう。岸辺に座り暖かい陽を受けながらそんな煌めく光に目を細めていると、いつの間にかうたた寝さえしてしまう。生きていることの喜びを実感できるのはこのような時かもしれない、これは私ひとりではなく、森の中で春を待ち続けた命あるものすべての思いではないだろうか。そして思う、季節が巡り廻ってまた春がやってきたのだと。きっと私の中の一年の周期は春から始まっているのだろう。

**上　マルバマンサク**　雪融けの早い年も、残雪が豊富な年も、ほぼ同じ頃に咲き始める。「まず咲く」のでマンサクの名があるともいわれ、全くその通りだといつも思う。日本海側の植物で、太平洋側に自生するマンサクの葉の先端を丸く切ったような形の葉をしており、名前のとおりだ。

**下　ダンコウバイ**　早春の、まだ樹々が葉を開く前の山の斜面などでよく見かける。一つ一つの花は小さいが、開葉に先立ってたくさんの黄色い花が塊になって咲くのでよく目立つ。葉の形が均一ではなく、切れ込みの無いものや一つだけあるもの、二つあるものもあり、これを異形葉といいクワやカクレミノにも見られる。

**上　バイケイソウとトリカブトの新緑**　雪解けとともに大型の草本が芽吹きだすと、雪国にもようやく春がやってきたのだと実感する。しかし残念ながらそれらの植物は、シカが食べないものばかりであり、山菜に利用できるようなものは消えてしまった。それでも何もないよりはまだいいかと思うのだが、複雑な心境だ。

**下　バイカオウレン**　小さくて目立たないが近くで見ると実に清楚で美しい。常緑の黒っぽい葉の上に突き出して咲くので、花の白さが一層引き立つ。花が大きくて梅の花のように見えるから「バイカ」と命名したのだろう。オウレンの仲間だが本種は薬効がないのか薬草としては用いられないようだ。

**上　トリカブトの芽吹き**　写真のような状態の頃には、ニリンソウと間違えて食中毒を起こすことがある。トリカブトは根に強い毒を持っているが、葉にも少なからずあるようだ。齧ってみたが、苦みも辛みもなく舌がヒリヒリすることもないので気が付かないのだろう。慣れない人はニリンソウには手を出さないことだ。

**下　バイケイソウの芽吹き**　バイケイソウの芽吹きはまるでタケノコのようで可愛い。しかし有名な有毒植物で、もう少し大きくなった頃に、ギボウシの仲間と間違えて食べ中毒する人がいるようだ。生で食べると少し舌がヒリヒリするが、熱を加えるとヒリヒリ感がなくなって気にせず食べてしまうのだろうか。

その頃地肌の現れた渓流沿いの急斜面や尾根上では、その年初めての花に出会うことがある。清楚で新雪のように白いバイカオウレンの花は、雪融け直後の殺風景な地上に点々と咲いて少し離れていても気付くほどまばゆい。しかし最も強く春の訪れを感じさせる花はマルバマンサクではないだろうか。黄色いリボンのような小さな花弁はとても特徴的で、雪の多い年にはまだ根元に一メートルも雪があるにもかかわらず咲き始める。こんな時に咲いても花粉を運んでくれる虫がいるのだろうかと心配になるが、いつの間にか果実ができているところを見ると大丈夫なようだ。

マルバマンサクの花が盛りを過ぎる頃、雪国にも遅い春が本格的に訪

**上　サンインシロカネソウ**　名前のとおり北陸から山陰地方に分布する植物で芦生には多い。渓流沿いの岩場などが主な自生地であるため、増水したときに随分流されてしまった。しかし今のところシカが食べていないことと、競合種がシカに食べられて減ったことでかえって増えているようである。

**下　イワナシ**　濃淡のあるピンク色の花はとても可愛い。まだ残雪のある頃に日当りのいい岩場を探すとこの花を見つけることがある。早春の森では花を探すことも楽しみの一つだ。果実は見た目は悪いが甘くておいしい。崖のものは誰が果実を食べて種を運んだのだろうと思っていたが、アリもその一つとのこと。円内は果実。

**上　ワサビ・下　ワサビの種子散布**　谷沿いの湧水が滴るような場所が本来の自生地であり、安曇野などで見られるワサビ田のように、流れの中で育っているものはほとんどない、これは増水時に流されてしまうからだろう。そのため自生するワサビの根はあまり太くならず、葉ワサビとして利用する程度で、おろしワサビにできるようなものはあまりない。しかしシカの採食によって最近はほとんど見られなくなった。ワサビは花が終わると花茎が倒れて地上を這うように伸びていく、長いものでは1m近くまで伸びるので、伸びた距離だけ種子を運んだことになる。特殊な環境なので、そのような種子散布をするのだろう。

**上　ミヤマカタバミ**　体に似合わない大きな花を付ける、柔らかそうな葉だが常緑であるためか見た目よりも堅い。葉にシュウ酸を含むため甘酸っぱい。他のカタバミ類の葉がハート形をしているのと異なり、角張って三角形をしているのが特徴。最近シカの採食が目立つようになり、豪華な花を付ける株は見られなくなった。

**下　オオバタネツケバナ**　田植え前の田などでよく見るタネツケバナに似ているが、オオバタネツケバナは先端の葉が他の葉よりかなり大きいので、タネツケバナと区別できる。少し辛みがありクレソンのように食べられるが、オオバタネツケバナの方がおいしい。少し苦みがありオリーブ油を使ったドレッシングがいい。

れる。それは劇的であるとさえ言えるかもしれない。当たり前のようにあった雪が消えてしまうことは勿論劇的な変化であるが、更に四月になると開花ラッシュが始まり無彩色の世界が一変する。先頭を切るのが低木のダンコウバイで、黄色い小さな花の固まりがチアガールボンボンのような玉状になって咲く。山の斜面や林道沿いでよく見られ、冬枯れのままの森の中ではとても目立つ存在だ。一方地上はとても華やいでくる。いずれも背の低い草花で、いわゆる「スプリングエフェメラル（春の妖精）」と呼ばれるような植物たちだ。雪融け後、樹木が葉を開くまでのわずかな間に花を咲かせ実を結び、樹木が葉を開いて森の中が薄暗くなるころにはもう種子を付けている。なかには地上部を枯らしてしまうものまであって、本当に慌ただしい。何かの事情で一週来ることができなかったときは、もうその年には会えなくなってしまう花さえある。

　これらの花は様々な色をしており、白い花ではミヤマカタバミ、ワサビ、オオバタネツケバナ、サンインシロカネソウなどがある。ミヤマカタバミは体に似合わぬ大きな花を咲かせるが、常緑であるため最近シカに食べられるようになり、花も少なく葉も小さくなってきた。葉にシュウ酸を含むため、齧ると甘酸っぱい。サンインシロカネソウはクリーム色を帯び釣鐘状に咲くかわいい花だ。ワサビの花は開花後に倒れ、蔓のように地上を這って伸び、その蔓に果実を作って種子を散布する。流れ沿いのしかも水が湧き出るような環境に自生するため、種を流されないようにしているのだろう。そのワサビはシカに食べられて岩場などでわずかに見る程度になってしまったが、同じアブラナ科のオオバタネツケバナはサラダにして食べられるにもかかわらず、今のところシカには食べられていないようだ。味はクレソンに似ているがこちらの方がおいしいと思う。赤系統の花ではイワナシ、ショウジョウバカマ、イワウチワ、トキワイカリソウ、シハイスミレ、エンレイソウなどがある。イワナシはごく小さい樹木で、体に似合わない大きな葉をしているため、葉に隠れてしまわないように一生懸命突き出して咲き、訪れる虫たちにその存在をアピールしている。ショウジョウバカマは日陰になるような場所に多く見られ、ピンク色の小さな花が集まって房状に咲くのでよく目立つ。市街地周辺の山地でも見かけるほどだからあまり珍しくはないが、花が終わると花茎《かけい》（花を支える茎）をどんどん高く伸ばしていく。これは少しでも高い方が種子を遠くへ飛ばせるからだろう、その点はタンポポと同じだ。ショウジョウバカマは常緑であるため、雪のない冬季にシカが食べるようになってしまった。イワウチワは一輪だけ花を付けるが草花とは思えないほど大きな花であり、これが群生しているとお花

**上　エンレイソウ**　丸みのある菱形の葉が3枚放射状に広がる形は特徴的で、直ぐにこの仲間だと分かる。しかし発芽した頃には葉が1枚しかなく、3枚の葉が揃うまでにはずいぶん時間がかるようだ。花弁がなくガクだけの地味な花であり、そのため自家受粉することが多いらしい。果実はアケビのような味がする。円内は果実。

**下　ミヤマキケマン**　黄色い花をたくさん付けるのでなかなか豪華だが、葉を潰すと気分が悪くなるほど不快な臭いがする。そのため齧って味見をする気も起らず、シカも食べていない。果実は弾けて種子を飛び散らせ、さらにアリへの報酬（エライオソーム）がついているので、アリがその種子を運ぶようだ。有毒とされる。

**上　トキワイカリソウ**　主に日本海側に自生する植物で冬でも葉が枯れない。西日本では赤い色が普通だが北陸では白い花の方が多いらしい。このように東西で色が違う植物には、他にオドリコソウやゲンノショウコなどもある。イカリソウは強壮剤として有名で、高級な栄養ドリンクにはよく使われている。

**下　シハイスミレ**　日本はスミレの国といわれるほどスミレの種類が多く見分けるのがかなり難しい。本種は葉の裏側が紫色を帯びるという特長があり、「紫背（しはい）」という名がついているが、紫色を帯びないものもあるのでややこしい。花の色は少し赤く陽当たりのいい場所を好むようだ。

**上　ショウジョウバカマ**　スプリングエフェメラルと呼ばれる植物の中には、常緑のものも少なくない。本種もその一つで、地上に何枚もの葉（ロゼット葉）を広げ越冬している。常緑であることは雪融けと同時に、またはそれに先立って光合成できる優位性があるため、そんな生き方が残っているのだろう。

**下　イワウチワ**　早春の草花は日当たりの良い場所から咲いていく。雪国ではそんなところは雪融けも早くなおさらその感がある。樹々が葉を広げる前の明るい林床にピンク色の大きな花がいっぱい並ぶと、その豪華さ華やかさに心が躍る。春の兆しから春本番へと季節が移っていることを実感できる出来事だ。

畑のような光景となる。トキワイカリソウも大きな花でよく目立つ、しかしそれよりも、名の由来である碇に似たユニークな形の方が印象深い。また花の外側に向かって突き出している細い管状のもの（距《きょ》という）の先端には蜜が入っており、この蜜にありつけるのは口吻《こうふん》（吸い口）の長いマルハナバチの仲間くらいらしい。

黄色い花ではホクリクネコノメソウ、ヤマネコノメソウ、ミヤマキケマン、リュウキンカ、オオバキスミレなどがある。ネコノメソウの仲間はいずれも花がとても小さく、花の周囲にある葉（苞葉《ほうよう》という）が色付いて花弁の役目をしている。越年草であるミヤマキケマンの葉は、花の時期にはとても細かくて切れ込みがたくさんあるが、夏に発芽して成長

**上　スミレサイシン**　主に日本海側に自生するスミレで、背は低いが葉も花も大きくまるで園芸種のように豪華だ。根茎が太くてこれをすり下ろすととろろ芋のように食べられると聞くが、こんな可憐な生きものを殺してしまうようなことはあまりにも忍びなく、まだ試したことがない。

**下　オオタチツボスミレ**　スミレの分類では、地上に茎があるかないかが大きな違いになり、本種は茎のあるスミレに属している。また茎のあるスミレにはタチツボスミレという名が付いていることが多いので名前だけでも分かる。本種は日本海側のスミレで、距（花の後方に伸びている天狗の鼻状のもの）が白い。

**上　リュウキンカ**　本来は亜高山帯の湿原などが自生地であるが、なぜか芦生では、標高400m付近から上流の渓流沿いに自生地が出てくる。最後の氷期（氷河時代）の生き残りといわれており、本来の自生地のものよりずいぶん小さい。最近シカの採食が激しくなり、自生地の一つが消えてしまった。

**下　オオバキスミレ**　近畿地方に自生するスミレの中で、黄色い花を付けるのはこのスミレだけらしい。渓流沿いが自生地であるため、「大葉」とは言い難いほど葉が小さく、渓流沿いに適応するように小型になったのだろう。また増水すると流される危険のある梅雨の頃には、ほとんど葉が見られなくなっている。

**上　ホクリクネコノメソウ**　芦生には、ネコノメソウの仲間が5種類あるが、本種はその中で最も大きい。薄暗い小さな流れの傍に自生していることが多く、そのような場所では黄色が一番目立つのだろう花の色も黄色っぽい。しかしこれは花弁ではなく苞葉という葉の一種である。名前のとおり日本海側に自生する植物である。

**下　ヤマネコノメソウ**　最も普通にあるネコノメソウの一つで、葉が互生しているため、対生しているネコノメソウと区別できる。ネコノメソウの仲間の果実は上を向いて開き、その状態が猫の目に似ているというのが名の由来。また果実が上を向いて開いているため、雨が葉に当たるとその反動で種子が飛び出す。

したロゼット葉（地面に広がる葉）は、同じ種類のものとは思えないほど切れ込みが少ない。芦生では夏に発芽した後いったん冬に地上部を枯らし、春に細かく切れ込んだ葉を再び開く。いずれにせよ葉を潰すとゴムを溶かしたような不快な臭いがする。

　青系統の花ではスミレサイシン、タチツボスミレ、オオタチツボスミレ、ヤマルリソウ、ヒメエンゴサク（キンキエンゴサク）などが見られる。青い花にはスミレの花が多く、スミレサイシンやオオタチツボスミレは日本海側に自生するもので花も大きい。

　また低木（中木）も花を開き始める、キンキマメザクラ、キブシ、アセビ、タムシバ、ヒカゲツツジ、コ

**上　アセビ**　庭木にもされるが、「馬酔木」と書くように有名な有毒植物。しかしこの樹の葉を専門に食べるガの幼虫もいる。しかもアセビの毒を体内に溜めるため、鳥にも食べられないらしい。上には上があるものだ。花は下向きに咲くが果実は上を向き、風の強いときに頂部に開いた穴から種子が飛び出す。

**下　タムシバ**　コブシに似た花を咲かせるので、両種を混同されている方も多いと思われる。タムシバは葉を出す前に花が咲くのでとても華やかだが、コブシは葉が1枚出るので少し地味な感じがする。タムシバの花弁には強い芳香があり、口に入れると甘い香りが広がる、シカはこれを食べているようだ。

**上　キンキマメザクラ**　低木のサクラでヤマザクラよりもかなり早く咲き、下向きに小さめの花をまばらに付けるので奥ゆかしく感じる。芦生へ至る由良川沿いの道路を走っているとよく目に付く。ヤマザクラの果実は苦いが本種の果実には苦みがない、ただ実る数がとても少なく採るのがはばかられる。

**下　キブシ**　淡黄色の小さな花を10〜30個ほど縦に連ねた花の集合体が幾本も垂れ下がり、「かんざし」のようだといつも思う。果実からタンニンが取れるので、ブシ（五倍子：ヌルデに付く虫こぶ）の代用にしたのが名の由来とか。豊凶の差がないのか毎年よく花が咲いているようだ。

**上　ヤマルリソウ**　早春の花には黄色いものが多く、青い色のものはあまり多くないように感じる。本種は早春に咲く花としては花が小さく、それに対して葉が大きいために目立たず見落として通り過ぎることがたびたびある。花の色も質素で「瑠璃色」というほどきれいな色ではないと思うが。

**下　ヒメエンゴサク（キンキエンゴサク）**　エンゴサクと聞いても漢字が浮かばず名の由来が分からないが、中国名の「延胡索」に由来しているらしい。ムラサキケマンと同じ仲間で同じように毒があるとされるが、エンゴサクの方は薬用になるようだ。ムラサキケマン（越年草）と比べてか弱く、これでも多年草であることが不思議なくらいだ。

バノミツバツツジ、クロモジなど。キンキマメザクラは低木の桜で、花の数は少なくパラパラと遠慮がちに付けるだけ、派手なソメイヨシノなどと違ってとても上品に感じる。その点タムシバは豪華だ。遠くからでもこの樹の存在が分かるほどで、群生していると山肌が白っぽく見える。ヒカゲツツジは芦生には少なく、渓谷に面した岩場で時々見かけるに過ぎないが、クリーム色をしたツツジは珍しく、明るい色彩の花は暗い谷間ではよく目立つ。

その他、芦生の周辺にしか自生しないモミジチャルメルソウや「芦生」の名を冠したアシウテンナンショウなど、ご当地生きものとでもいえるような植物の花も咲き出す。

この頃に由良川沿いの歩道を歩く

上　**タマゴケ**　珍しくないコケだが、緑色の透明感のある蒴（胞子を作るところ）が美しく人気がある。芦生にも普通にあり、日陰の岩場や急斜面でよく出会う。早い場所では2月中に蒴を付けていることがあり、淡い緑色の若葉と共に雪の中で感じる春の訪れである。

下　**ホソバミズゼニゴケ**　コケ本体は水の滲み出ているような急斜面に張り付くように生息していて目立たない存在だ。しかし早春に透明で長い蒴柄（蒴を支える柄）を伸ばしている姿は極めて特異で、カイワレ大根に似たような姿に目が引き付けられる。一度見ると忘れられないほど印象的だ。

上　**モミジチャルメルソウ**　芦生周辺が自生地とされる分布域の狭い植物であるが個体数は多い。カエデに似た葉が特徴で名前の由来でもある。また果実がラッパ状であることがチャルメルソウの名の由来で、その果実は上を向いて開き雨が当たると種子が飛び散って散布される。上を向いた果実が並んでいる姿は可愛い。

下　**アシウテンナンショウ**　芦生にはテンナンショウが4種類あるが、本種は葉が一か所から出ている（輪生している）ように見えて、他のテンナンショウと区別できる。この仲間は雌雄転換することで有名。根や葉のほか果実にもシュウ酸カルシウムの針状結晶を含むので食べると舌や唇がヒリヒリ痛む、それでもシカが食べ始めた。

上　**ヒカゲツツジ**　クリーム色をしたツツジの仲間は、私が知る限り高山植物のキバナシャクナゲくらいだろうか。芦生では、名前のとおり日陰になった崖のような場所が自生地で、由良川沿いにわずかに見られるに過ぎない。しかし他所では、日当たりのいい尾根に群生する自生地もあるらしい。

下　**クロモジ**　その昔は、クロモジ油を採って石鹸の香料に使うため輸出したくらいだから、日本のハーブの中では一番いい香りがすると思っている。最近クロモジ油を販売し始めたようだ。蕾は天ぷらにして食べられるが、香りが強くてたくさんは食べられない。若葉をハーブティ代わりに使うことができる。

と、タマゴケが透明感のある小さい球状の蒴を付けているのに出会う。丸い球は名前のいわれでもあるが、まるで小さな宝石のようだ。また湿ったところではホソバミズゼニゴケが透明な蒴柄《さくへい》を伸ばしており、群生しているとまるでカイワレ大根が伸びているように見えて実にユニークな姿である。しかしコケ観察をするにはまだ少し時期が早く、前年の葉が残っているばかりで鮮やかなものはまだ少ない。

ゴールデンウィークに入る頃からは、新たな花が加わってくる。草花ではニリンソウ、ハルトラノオ、ツボスミレ、シャク、フタリシズカ、タニギキョウ、ミズタビラコ、ギンリョウソウ、ホウチャクソウ、シライトソウなどの白い花や、キジムシ

**上　タニギキョウ**　キキョウに近い仲間だが、花がとても小さく無視されがち。しかししっかりと見るとキキョウに似たかわいらしい花だ。植物体そのものが小さいため、シカにも無視されているのかだんだんと増えているように感じる。ハコベに似た平凡な葉をしているため葉だけで他種と見分けるのは難しい。

**下　ミズタビラコ**　野原でよく見るキュウリグサの仲間で、渦状に巻いた花が下から順番に咲いていく。このような咲き方をするのを、無限花序と呼ぶが、まさに無限に咲いていくように見える。私の記録では4月下旬から9月下旬まで花を見ている。これほど長期間に亘って咲く花もそれほど多くはない。

**上　シャク**　葉を見るとニンジン似ているが、シャクには毛がなく軟らかい。見るからに美味しそうであり、実際セリ科特有の味と香りが素敵で、茹でてマヨネーズ和えにしたり天ぷらにしたりするとおいしい。小さな花の集合体もセリ科特有で、近づいてしっかり見ると一つひとつの花が可憐で美しい。

**下　フタリシズカ**　芦生にはヒトリシズカはなく、フタリシズカしかない。花とは思えないような花で、花弁が退化したのではないかといわれている。しかし白い米粒状の花は、薄暗い森の中では意外と目立つ存在だ。源義経の側室である静御前の舞姿に重ねての命名とのことだが、その発想力にはついていけない。

**上　ニリンソウ**　名前は２輪だが１輪のものも３輪のものもある。有毒植物の多いキンポウゲ科の中にあって例外的に食べられるが、猛毒のトリカブトの若葉に似ているため、誤って中毒する例もあり、危険を冒してまで食べるほどのものではない。芦生では最近花を咲かせるようなものは少なくなってきた。

**下　ハルトラノオ**　秋に咲くものが多いタデ科の花の中にあって、この花は春に咲くため名前にも春が付く。小さな体で目立つような存在ではないが、一つひとつの花はタデの仲間では大きめで、近くで見ると飛び出したオシベが印象的だ。植物名に「虎の尾」と付くものは多いが、どの植物も大げさだなあと思う。

ロ、キンポウゲ、コナスビ、ミゾホオズキ、サルメンエビネなどの黄色い花、ムラサキケマン、ニシキゴロモ、キランソウ、ラショウモンカズラ、フデリンドウ、ミヤマヨメナなどの青系統の花、カキドオシ、オオイワカガミなどの赤系統の花がある。

シャクは線香花火のような放射状の花をたくさん付けるセリ科の植物で、葉の香りがよく若葉を茹でておひたしにするとおいしい。そのためシカにも食べられ、人里近くでないと見られなくなった。ミズタビラコは、渦状に巻いた花序《かじょ》をほどきながら上の方へ伸び続けて次々と花を咲かせていく。いつまで花が咲き続けるのかと思うほどで、期間の長いものは秋まで花が残る。こんな長期間咲く花はあまりないだろう。

**上　コナスビ**　ナスビという名が付いているが、ナスビとは関係がなく、果実がナスビに似ているからとのこと。地面に張り付くように咲く小さな花は見落としてしまいそうになるほど目立たないが、そんな植物にはシカも興味がないらしく増えている。星形の黄色い花はなかなか可愛い。

**下　ミゾホウズキ**　じめじめした小さな流れ沿いなどによく見られ、確かにそこは「溝」のような場所だ。花は長い筒状で、がくも同じように長い。花が終わった後の長いがくに包まれた果実を、ホオズキに見立てたらしい。小さくて果実の存在さえ気付かないくらいだが、見る人にはそのように見えるのだろう。

**上　シライトソウ**　糸状の白い花弁が四方に飛び出した多数の花を付け、全体としてコップブラシのような形状をしている。糸状の花弁を持つ植物は多くはなく、とても可憐で気品があると思う。鼻を近づけると微かながらとてもいい香りがする。常緑であるため最近冬の間にシカに食べられるようになった。

**下　キンポウゲ**　漢字で書くと金鳳花、別名をウマノアシガタ（馬の足形）といって名前に雲泥の差があるような気がする。野原に普通にあるが、芦生では由良川沿いの岩の上などで黄色い花を風に揺らしていて同じ植物とは思えない。花弁に瀬戸物のような光沢があって、光が当たるとキラキラ輝く。

**上　ギンリョウソウ**　花の季節だけ地上に現れるので、普段はその存在が分からない。日当りの悪い落ち葉の下からムクムクと盛り上がって姿を現すため、その異様な白さが目立って意外と発見する機会が多い。葉緑素を持たないために腐生植物などといわれ、キノコと共生（寄生というべきか）して生活をしている。

**下　ホウチャクソウ**　花の形が寺院の四隅の軒に吊下げられている宝鐸（ほうちゃく）に似ているからというのが名の由来。花はアマドコロやナルコユリにそっくりだが、別の科に属しており（以前は同じユリ科だった）、また有毒植物でもあるので誤って食べないようにしなければならない。

ギンリョウソウは別名ユウレイタケともいわれるように、葉はなく花の時期だけ地上に顔を出す。昔の人は薄気味悪く感じたのかもしれない。葉がないのにどうして生きていけるのか不思議だが、無葉緑素植物、腐生植物もしくは菌従属栄養植物（菌類に栄養を依存しているという意味で）といわれ、一般にキノコから栄養分もらって（というよりも、キノコを分解吸収して）生活しているらしい。白いために薄暗い場所でもよく目立ち、芦生ではそれほど珍しくはない。

ラショウモンカズラは、花の形が「京都の羅生門で、渡辺綱《わたなべのつな》が斬った鬼女の腕」に似ているからとの命名であるが、多毛な花は確かに鬼の腕のように見えなくもない。しかし思

**上　ミヤマヨメナ**　森の緑が濃くなってきた頃に咲き始めるため、この花の姿が清々しく感じられる。ミヤコワスレの原種になっているだけのことはあり、茶花向きの花ではないかと思う。花期は結構長く長期間愛でることができる。ヨメナやノコンギクなどと同じ仲間であるが花は一回り大きい。

**下　オオイワカガミ**　イワウチワと同じような場所に自生して両種が混在していることもよくある。そのような場所では両種の違いがよく分かるが、離れていると両種とも少し厚みのある常緑の葉がテラテラと光りよく似ている。だが花の形は明瞭に違っているので、花期には間違うことはない。

**上　ラショウモンカズラ**　花の形が「京都の羅生門で切り落とされた鬼女の腕に似ているから」との命名であるが、毛の生えた花は確かに鬼の腕のように見えなくはない。シソ科の植物は茎が四角形をしているのが特徴で、茎が四角形をしておればシソ科である可能性が高い。花後、茎がツルのように伸びることで「カズラ」。

**下　フデリンドウ**　小さな体でも立派な花を咲かせるが、越年草なので寿命は1年もない。リンドウの仲間は筒状の花を上向きに咲かせる、そのため水が入るのを防ぐ必要があるのだろう天気の悪い日や夜間は花を閉じている。果実は上を向いて開き、雨が当たるとその反動で種子が飛び出す。

**上　サルメンエビネ**　花の形がサルの顔のようだからというのが命名らしいが、そこまで飛躍できるほどは似ていない。花は蜜を出さないが、イモムシなどに食べられたときに出す物質に似た匂いを発するため、「餌になる虫がいる」と騙されてやって来たスズメバチの女王が、花粉を運んでいるらしい。

**下　ムラサキケマン**　有毒植物であり動物があまり食べないのか里山でもよく見られる。夏に発芽して翌春花を付けて種子を結び、そして枯れて一生を終える越年草。果実がはじけて種子が飛び出し、さらにアリへの報酬（エライオソーム）がついているので、アリが種子を遠くへ運ぶ。これらはミヤマキケマンと同じだ。

うに、日本人の命名センスの良さ・独創性には感心する。ヌスビトハギ（果実が盗人の足に似ている）、アキノウナギツカミ（茎の刺が強くウナギでも摑める）、ママコノシリヌグイ（茎の刺が痛く可愛くない継子をこれでいじめる）、カスマグサ（花の大きさがカラスノエンドウとスズメノエンドウの中間くらいであり、カラスのカとスズメのスの間という意味）、ツリフネソウ（ぶら下がる花を船に見立てた）などたくさんある。

ミヤマヨメナは園芸種のミヤコワスレの原種になった花でもあるため、なかなか上品な花を咲かせる。キクの花は外側に舌状の花（舌状花）を、その内側にメシベもオシベも備えた小さな筒状の花（筒状花）を付けるのが一般的であり、舌状花は昆虫を呼ぶための飾り花の役目をしている。そのため舌状花は、筒状花が順番に咲いている間じゅうずっと開いたままになっており、長期間散らないで残っている。

オオイワカガミは日本海側に自生する植物で、テカテカ光って地面に広がる大きな葉を「鏡」に見立てた命名らしいが、その光沢ある葉の上に、先端が細かく分かれたピンク色の花を一〇個ほどまとめて付ける。一つひとつの花はそれほど大きくはないが、まとまっているので一つの大きな花の塊のように見え、それが群生するところではさながらお花畑のような景観を作る。芦生には群生地が所々にあって、花の季節に群生地に出会うと心が躍る。オオイワカガミも常緑であるため、最近になり雪のない冬季にシカが食べるようになってしまった。

フデリンドウはとても小さく可愛いいリンドウだ。夏に発芽して雪の下で冬を過ごし、春に開花して夏には枯れてしまうという越年草で、慌ただしく一生を終える。一生に一度しか繁殖の機会がない植物は、何かの理由であまり成長できなかった場合でも、可能な限り花を咲かせて種子を作らなければならず、小さくても一生懸命花を咲かせている姿はとてもいじらしく感じる。

**上　オオカメノキ**　純白の飾り花（装飾花）は早春の森の中ではよく目立つ、特に天候の悪い時には。花の全形はアジサイに似ているが、装飾花は花が終わるとすぐに散ってしまう。これは果実が液果（水分の多い果実）であるため、装飾花を残す必要がないからだろう。一方アジサイの装飾花はいつまでも落ちない。円内は果実。

**下　ホンシャクナゲ**　自生種そのものでも観賞的価値が高いため、山里では原種のまま庭木にされているのをよく見る。各地でシャクナゲ尾根と呼ばれるような群生地があるが、芦生にも群生地が所々にあり、そのような場所では豪華な花の藪になる。ただ当たり年とそうでない年の差も大きい。

一方樹木は種類が増え、オオカメノキ、ホンシャクナゲ、ユキグニミツバツツジ、ヤマツツジ、ウスギヨウラク、ナガバモミジイチゴ、ウワミズザクラ、フジ、ハウチワカエデ、イタヤカエデ、ウリハダカエデ、タニウツギ、マルバアオダモなどがあ

**上　ハウチワカエデ**　カエデの仲間としては最も大きな花を咲かせる種の一つで、真っ赤な花はカエデとは思えないほど派手であり花蜂が訪れているのをよく見る。花が終わると垂れていた果実が次第に持ち上がって葉の上に飛び出す、これは果実を風に飛ばされやすくしているのだろう、イロハモミジも同じだ。円内は果実。

**下　イタヤカエデ**　樹液に糖分を含むためメープルシロップが採れるそうだが、それほど糖度が高くなくあまり利用はされていないようだ。葉が茂って板で葺いた屋根のように雨が漏らないというのが名の由来らしいが、実際雨宿りすると全く用をなさない。花は葉の上に突き出して咲く。

**上　ナガバモミジイチゴ**　木イチゴ類はたくさんあるが、黄色の果実を付けるイチゴはあまりなく、コジキイチゴという気の毒な名前の木イチゴくらいだろうか。しかしこれはおいしくない。それに比べ本種は木イチゴのなかで最もおいしいと思う。西日本では葉が長いが東日本では葉が短く「モミジイチゴ」という。円内は果実。

**下　ウワミズザクラ**　遠目にはコップブラシのような花にしか見えないが、近くで見ると、サクラに似た小さな花がたくさん付いているのが分かる。冬芽を指ですり潰すとクマリンの匂い（桜餅の匂い）がする。果実はクマの好物で、餌の少ない真夏に熟すためにクマにとっては貴重な食べ物だ。円内は果実。

**上　ユキグニミツバツツジとヤマツツジ**　ミツバツツジとヤマツツジは普通花期がずれるのであるが、芦生では同時に咲いているのを見ることがある。それはユキグニミツバツツジの花期がコバノミツバツツジよりも遅くなるため、5月に咲くヤマツツジの花期と重なるからだと思われる。ヤマツツジの花は甘酸っぱくておいしい。

**下　ウスギヨウラク**　釣鐘状の花にある赤い模様は、花蜂に蜜の在りかを教える印（蜜標）であり、花の先端が反って開いているのは、花蜂が止まりやすいようにしているとのこと。また下を向いて咲くのは、訪れる花蜂の種類を制限して確実に花粉を運んでもらうようにしているからとのこと。植物は賢いなあ。

る。ホンシャクナゲは一度に大量の花を咲かせることが多く、もともと豪華であるため、大量の花を咲かせたときは一層豪華さが際立つ。しかしそのような年の翌年には花をほとんど付けないことが多く、当たり年とそうでない年の差がはっきりしているようだ。オオカメノキの純白の花はホンシャクナゲと同じ頃に同じような場所で咲く、そのため両者が混在している場面では紅白のコントラストがとても鮮やかだ。

芦生にはコバノミツバツツジの他にユキグニミツバツツジというミツバツツジもあり、普通に見られるコバノミツバツツジよりも花も葉も大きく、しかも花の色が濃く、咲く季節も遅れる。そのためヤマツツジが咲く時期と重なり、両者が一緒に咲

**上　アカメガシワの赤い葉**　名前に「赤芽」があるとおり開き始めたころの若葉が赤い。しかしその赤さは葉そのものが赤くなるのではなく、赤い短毛がベッタリと張り付いているからであり、成長と共に落ちていく。試しにスクラッチのように爪で擦ってみると、赤い毛が取れて下から緑色の葉が現れる。

**中　オサシダの開葉**　一般に若葉が赤くなるのは紫外線に対する防御対応だと考えられるが、本当に赤いと思えるものはそれほど多くはない。そのような中でオサシダやシシガシラの若葉は赤くなってとても美しい。シシガシラは普通に見られるが、これにそっくりで見分けるのが難しいオサシダは少ない。

**下　ヤマソテツの開葉**　このシダには2種類の葉があり、胞子を付けるもの（胞子葉）とつけないもの（栄養葉）である。開葉の形が面白いのは胞子葉の方で、葉が細いために繊細な姿をして踊っているように見える。栄養葉はアク抜きをしなくても食べることができるため、シカにもよく食べられている。

**上　トチノキの開葉**　若葉はテカテカ光って赤っぽく、また半ば垂れた姿をしている、これらはすべて紫外線から守るための対策ではないかと思われる。この垂れた姿が笠のように見えて可愛い。大きな冬芽から出てくるので若葉も特大だ。葉を開いた後の地上には、べたべたする芽鱗（がりん）がよく落ちている。

**中　ホウノキの開葉**　ホオノキの葉は単葉（1枚だけの葉）としては日本では最大級の大きさがある。従って冬芽も最大級の大きさがあり、こん棒状の冬芽を保護している芽鱗も大きく、その芽鱗が剥がれ落ちそうになりながら芽を開き始めた姿は、バナナの皮をむき始めたときの状態に似ている。

**下　コナラの新葉**　一般に葉を開いたばかりの頃の若葉は未熟であり、動物の採食や紫外線に対する防衛対応がまだ十分できていない（そのお陰で私たちは若葉を山菜として利用できるのであるが）。コナラはそんな未熟な若葉を守るため、産毛のような細い毛を葉の両側に密生させている。

**上　ウリハダカエデ**　カエデの仲間は少し陽当たりの良くないところに自生していることが多いが、本種は明るい場所に多く、寿命も長くはない。成長すると雄株から雌株に性転換するので有名だが、このようなことは同じ樹を長年観察しないと分からない事であり、継続することの重要性を教えられる。

**中　タニウツギ**　土砂崩れの跡や道路の法面などに真っ先に進出する植物の一つで、先駆種ともパイオニア種ともいわれる。色彩の華やかな花が少ない季節に、ピンク色の花を垂れ下がるほどいっぱいに咲かせるためとてもよく目立つ。太平洋側には少なく日本海側に行くほどに増えてくるようだ。

**下　マルバアオダモ**　本種が属するトネリコの仲間には花弁の無い地味な花が多いが、本種は細長く白い花弁の花がたくさんが集まって咲くため、遠くから見ると綿のようにふわふわしてよく目立つ。イボタロウムシが寄生して蝋物質ができることがあり、昔はロウソクの材料にしたそうだ。芦生にはアオダモもある。円内はイボタロウ。

いている場面にもよく出会う。また面白いのは、芦生のヤマツツジには二系統があり、五月上旬に咲くヤマツツジが終わった頃に、また新しくヤマツツジが咲き始める。この二系統は遺伝的に決まっているらしく、先に咲いたヤマツツジは次の年も同じように先に咲き、後から咲くヤマツツジは次の年も同じように後から咲く。

　ウワミズザクラは、「コップブラシ」などといわれるような独特の形状をした花で、花の盛りにはたくさんの花が密集して咲き、少し離れたところからでもよく目立つ。ただ高木になるため森の中を歩いているとあまり気付かず、道路を通っているときなどにはよく見つける。

　カエデは芦生には一二種類もあるが、それぞれが個性的な生き方をしている。葉の形もいわゆる「カエデ」型のものから三枚に分かれたもの（三出複葉《さんしゅつふくよう》）、楕円形で一枚だけのものまで様々、花の大きさも様々でハウチワカエデは最も大きくなる花だ。花の色も様々であり、また花を垂らして咲くカエデもあれば持ち上げて咲くカエデもある。さらに一つの花にオシベとメシベが同居している両性花や雄株と雌株に分かれた雌雄異株《しゆういしゅ》などがあるほか、ウリハダカエデのように雌雄異株でありながら性転換するものまであって同じカエデでありながらどうしてこんなに違うのかと思う。

　早春の花が咲き終わるのを見届けるかのように樹木の開葉が一斉に始まる、標高の低いところから高い所へと淡緑色の染みが広がっていくように徐々に山肌を這い上がっていく。しかしよく見ると、淡い緑色の中に様々な色合いのものが混じっているのが分かる。白に近いような緑色から紅葉かと見紛うような赤い色まで。中でもブナの緑は特別な気がする、透明感のある淡い緑色の新葉は少し離れていてもすぐにそれと分かるほどであるが、樹下に立って明るい空を背景に見上げれば、その鮮やかさを一層強く感じる。「山嗤《わら》う」というのはこのような森のことをいうのだろう、声を出して笑うのではなくにっこりと本当に嬉しそうに。開葉する順序にも何か法則性のようなものがある気がする。同じ種類の樹木でも低木の方が高木よりも開葉が早く、同じ個体であっても低位置の葉の方が高所の葉より開葉が早い傾向があるようだ。高位置にある葉ほど冷たい風に晒されやすいために、そのように時間的な差があるのだと思うが、それだけではなく、高木は「私が葉を開くよりも先に葉を開いて、できるだけ陽の光を受けておきなさい」と低木に言っているかのように見え、高木の優しさ思いやりのようなものを感じてならない。

また新葉は、その色の多彩さもさることながら開葉する姿も多彩でなかなか面白く、可愛いものから奇妙に変形したものまであって楽しめる。トチノキは開ききる前は踊り子の笠のような形をしており、ホオノキが葉を開き始めたときはバナナの皮をむいているように見える。コナラの葉には細い毛がびっしりと生えており、それが光って葉全体がプラチナのような色合いに見え、アカメガシワやシダ類のオサシダなどは若葉が赤くてよく目立つ。同じくシダ類のヤマソテツの胞子葉やイワガネゼンマイなどは、新葉が表現できないほど奇妙な形状をしており、しかも個体ごとに個性があって見飽きることがない。いずれにしても開葉は、原則として動けない植物が劇的に変化する現象であり、日々刻々と変わっていく姿の中に、これまでの長い歴史の中で選択され引き継がれてきた形質を見ることができる。そんな開葉の季節は自然観察に絶好ではないだろうか。

四月から五月にかけてはカエルたちの産卵期にもなる。森の中を歩いていると、人が話しているのかあるいはラジオがかかっているのかと思うような音が聞こえてくることがある。そっと近づくとカエルたちが集団で抱接し産卵しているのである。それがアズマヒキガエルであることもあればモリアオガエルのこともあった。また谷沿いの道を歩いていると、水がにじみ出るような岩の割れ目や穴から「グゥッ、

**上　モリアオガエルのオタマジャクシを食べるイモリ**　泡状の卵塊の中で孵化したオタマジャクシは、泡と共にあるいは単独で水溜まりに落ちる。しかし雨不足で水溜まりが涸れていることもあり、また水は在ってもアカハライモリが待ち構えていることもある。いずれにしろ彼らにとっては、生まれて最初の受難だ。

**中　アカハライモリ**　腹が赤いのは、フグ毒と同じテトロドトキシンを持っているため、食べようとする動物に対する警戒色だと言われている。かつて生きたイモリを11匹食べたことがあったが、体中の筋肉が動かなくなって腕を上げることも起き上がることもできず、危うく死ぬところであった。

**下　オオルリの雛**　ジュウイチ（カッコウ科の鳥でジュウイチと鳴く）の托卵被害にも遭わず無事孵化したのであろうが、まだ満足に飛べないのに一人前に巣から飛び出したのだろう、父親が近くで心配そうに見ていた。人間でもこんな子供はよくいると思うが、このひな鳥は無事成長したのだろうか。

**上　アズマヒキガエルの集団抱接**
**中　アズマヒキガエルの卵塊**
芦生には本種とナガレヒキガエルの2種類のヒキガエルがいるが、本種は地上を徘徊していることが多く、ずんぐりして脚も短い。産卵場所も川の中ではなく水溜まりである。シカやイノシシは泥浴びのためヌタ場という水溜まりを作る、そこがアズマヒキガエルの産卵場所にもなるので、シカなどは産卵場所を作る動物として生態系のなかでは重要な働きをしている。アズマヒキガエルの卵塊は長いヒモ状で、トコロテンのような透明の物質に包まれている。これはオタマジャクシの餌にもなるようだが、タヌキが食べるのか、水溜まりから引き出されているのをよく見る。

**下　モリアオガエルの集団抱接**　カエルは交尾をせず、メスの背中にオスが乗ってメスを抱きかかえるようにし（抱接）、メスが産卵した上にオスが精子をかける。モリアオガエルは水溜りの上にある樹などで産卵するのであるが、これほど多数のカエルが団子状態で産卵している場面を見たのはこの時だけだ。

**上　イワガネゼンマイの開葉**　シダ植物の開葉の仕方には規則性があることが多いのだが、このシダには全くそのようなものは見られず、自由奔放好き勝手な姿で葉を開いていく。そのため一つとして同じような姿のものがないのは楽しい。葉を齧ると舌がヒリヒリと痛む、そのためかシカも食べていないようだ。

**中　クジャクシダ**　横に広がった数枚の葉をクジャクの羽に見立てた命名だが、観賞用に利用されるシダである「アジアンタム」の一種でもあるため繊細で美しい。なかでも若葉の頃は透き通るような美しさだ。川沿いの日陰になった岩場に多く、イワタバコと一緒に群生しているのを見かけることもある。

**下　新緑のブナ**　樹木の若葉は明るい色をしているものが多いが、ブナは特別明るいように感じる。そんなブナの樹を下から見上げると、若葉を突き抜けてくる光がとても柔らかい。成長した葉には毛がないが、若葉のときには全面に細い毛が密生していて、これも明るい色にしている原因かもしれない。

グゥッ」というような低い声がよく聞こえてくる、タゴガエルの鳴き声で繁殖期に鳴くらしい。

また夏鳥がやってくるのもこの季節、オオルリはその美しい姿と声で野鳥愛好家に好かれているが、森にやってくると高い木のてっぺんで早速得意げに鳴き始める。「また帰ってきたよ」と歌っているかのようだ。アカショウビンというカワセミの親戚である野鳥もいい声だ。「ヒョロヒョロヒョロヒョロ」と口笛にも似た声は神秘的ですらある。声もなかなか聞けないが、姿はもっと見ることができない。カッコウ科のジュウイチやツツドリ、あるいはキビタキやクロツグミの声を聞くようになるのもこの頃からだ。動物の声というと、野鳥と共に存在感のあるのがセミである。セミは夏に鳴くもの思われがちだが、芦生には春から鳴き始めるセミがいる。その名もエゾハルゼミ。ヒグラシに似ているのだが、前奏が入り「ウォシー、ウォシー、ウォ カナカナカナ」というような鳴き方をする。

春のカヅラ谷出合

新緑のブナ林

## 夏の森

六月に入ると森はすっかり濃い緑色に包まれる。「山滴る」とはこの季節のことをいうのだろうか、今までは淡い色が落葉樹のあかしであったのだが、いつの間にか濃い色に変わって常緑樹と区別ができなくなっている。しかしこの時期になってようやく葉を開く樹木がある、それはネムノキだ。細かな葉が羽根のように並んでいる（羽状複葉《うじょうふくよう》）ので寒さに弱く、きっと遅霜に対する対応なのだろう、枯れ木だと思っていたらいつの間にか葉を開いているのでびっくりすることがある。六月は梅雨の季節でもある、曇ってうっとうしい日が続くようになると、薄暗い森の中では白い色が一番目立つようだ。そのためだろう、五月下旬から咲く樹木の花は白い色が断然多く、アズキナシ、ウラジロノキ、ナナカマド、カマツカ、ミズキ、クマノミズキ、ヤマボウシ、ガマズミ、コバノガマズミ、ミヤマガマズミ、ヤブデマリ、トチノキ、サワフタギ、タンナサワフタギ、ホオノキ、ウツギ、ツルアジサイ、イワガラミ、サルナシ、ネジキ、オオバアサガラ、エゴノキ、ハクウンボク、アオハダ、ナツツバキなどたくさんの樹木がある。しかしそれ以外の色では、ヤマアジサイとコアジサイの青系統の花と六月に咲くヤマツツジの赤系統の花く

夏の由良川中流

**上　ヤマボウシ**　北アメリカ原産のハナミズキの仲間であるが、ハナミズキは葉が開くのと同時期に花が咲くのに対し、ヤマボウシは葉が十分開いてから花が咲く。そのため花芽の大きさもかなり違っている。漢字で書くと「山帽子」ではなく「山法師」であり、僧兵の頭と白い頭巾に見立てた命名とのこと。

**中　コバノガマズミ**　ガマズミの仲間はいずれもよく似ていて、花を見ただけでは識別しにくい。そんな時は葉にある毛を見る。毛がほとんどなければミヤマガマズミ、普通の毛だけであればガマズミ、星状毛が多ければコバノガマズミになる。星状と言っても☆形ではなく、四方に光が分散する様な形だ。

**下　ヤブデマリ**　ガマズミの仲間であるがアジサイのような飾り花を持ち、持たないガマズミ類と違っている、これはオオカメノキと同じだ。また果実も熟すと赤から黒に変わる、これもオオカメノキと同じである。ガマズミ類と違って果実は甘くはならず普通は食べないようだ（まだ試していないが）。

**上　カマツカ**　鎌の柄に用いたことが名の由来であり、これはこの木が固いだけではなく粘りがあるため、手に直接衝撃が伝わらず手を痛めることがなかったからだろう。別名はウシゴロシ、ウシの鼻に付ける鼻輪の材料にしたり、鼻輪を通す穴を開けるのに使ったりしたからのようだが、酷い名だ。

**中　ミズキ**　ミズキは、掌（てのひら）を差し伸べるように水平に出した枝の上に、小さな花の密集した塊を同一平面上に並べ、しかも同時に咲かせるので遠くからでもとてもよく目立つ。さらにその花を目立たせるために、花の周囲にある葉が垂れ下がって花を浮き上がらせているようだ。

**下　クマノミズキ**　ミズキよりも1か月ほど遅れて花が咲く。枝がミズキほど水平にはならずまた花の色も少し黄色っぽいので、ミズキとの違いが分かる。名前のクマノは熊野だが、芦生にも普通に見られる。しかし谷沿いに限られるようで、標高の高い場所ではあまり見られない。

**上　アズキナシ、中　ウラジロノキ**　アズキナシは小豆のような形と大きさの果実を付け、葉がナシに似ていることが名の由来だそうである。葉脈がV字型に波打っているので、洋風センベイを連想する。カイガラムシやアブラムシがよく付き、その糞が樹の下の葉などに落ちてそこにカビが生えて黒く汚れていることがある（スス病というらしい）。ウラジロノキは名のとおり葉の裏に毛が多くて白い。花だけ見ると両種の違いが分からないが葉の裏側を見ればすぐに分かる。果実はウラジロノキの方が大きく、地上に落ちて熟して柔らかくなったものは、地上の菌によって発酵しているのかおいしい。円内はウラジロノキの果実。

**下　ナナカマド**　なかなか燃えないので、7回カマドで燃やしても燃え残るという意味からの命名のようだ。羽のような葉（羽状複葉）でバラを思い浮かべるがトゲは全くない。アズキナシなどと同じ仲間であるため花の形もよく似ているが、花の大きさは一回り小さい。

上　**ツルアジサイ**　つる性のアジサイはあまりなく、少し離れた仲間であるイワガラミくらいしか知らない。飾り花の花弁が4枚あるのは普通のアジサイと同じ、若葉はウリヅルとも言われ、潰すとキュウリのような匂いがする。茹でてお浸しにしたり、マヨネーズ和えにするとまあまあ食べられる。

下　**イワガラミ**　名前の通り岩を這い上がっているのを見かけるが、樹木を這い上がっていることのほうが多い。若葉は食用になり食べ方はツルアジサイ同じ、しかしツルアジサイよりもおいしいと感じる。飾り花が1枚だけなのが最大の特徴で、葉の鋸歯は荒く、樹皮もごつごつしていてツルアジサイとは違っている。

上　**ホウノキ**　単葉（一枚の葉）としては、芦生では最も大きく、葉が一面に広がって落ちていると、雪が積もっているのかと見間違えることがある。花も巨大であり、花弁はとてもいい香りがする。葉には殺菌作用があるため食品を包むのに使われ、また良い香りがするので朴葉みそを作るのに使われたりする。

下　**ウツギ**　茎の中が空洞なので「空木」と書き名の由来になっている。試していないがストローになりそうだ。他にもウツギと名のつく樹木は多いが、その多くは茎が空洞ではないらしい。ウツギの別名は卯の花で、盛りには真っ白になるほどだ。ただ成熟した森林の芦生ではあまり多くはなく目立たない。

上　**トチノキ**　たくさんの花をルピナスのように縦長の塊状に咲かせるが、高木であるため間近で見る機会は少なく、遠くからその存在を知ることが多い。しかし花が終わる頃には地上にたくさんの花が落ちているので、その存在に気付くことがある。蜜は優良で、花蜂にも人間にも人気があるようだ。

下　**サワフタギ**　芦生にはサワフタギとタンナサワフタギの2種類があるが、花を見ただけでは区別が難しい。サワフタギは沢沿いに多く沢を塞ぐように広がるのが名前の由来とか。タンナサワフタギは尾根に多く、名にあるタンナは済州島の古名とのことで、済州島で最初に発見されたからとのこと。

らいしか思いつかない。

これらの花のなかには個性的な咲き方をする樹木がある。ミズキは花の周囲だけ葉が垂れ下がる。これは虫たちに花が見えやすいようにしているのだろう。ホオノキは花弁に強い香りがありこれで虫たちを呼んでいるようだ。ヤマボウシの白い花弁状のものは花ではなく、本当の花は真ん中に塊状になっている小さな一つひとつのパーツだ。トチノキはたくさんの花が固まって咲くが、花の中心が黄色いものと赤いものがあり、蜜がなくなると黄色から赤色に変わるらしい。花の盛りにはたくさんの花蜂が訪れ、樹の下にいると花蜂の羽音が唸りのように聞こえてくる。コアジサイは普通のアジサイにある飾り花がないため、たくさんの花が

**上　ヤマアジサイ**　飾り花を遠慮がちに疎らに付けるだけだが、梅雨時の色彩が乏しい森のなかではよく目立つ。花まつりの際に用いられる甘茶の材料にもなるので、乾燥させると甘味が出るようだ。毒成分がないためだろうかシカが好んで食べ、今では崖のような場所でないと見られなくなってしまった。

**中　コアジサイ**　アジサイには飾り花が付いているが、コアジサイには飾り花がなく、小さな花だけが密集して付く。そんな奥ゆかしい花の咲かせ方は、茶花などには向いていると思うが、派手な花が好きな西洋では好まれないだろう。他のアジサイと違って花が強く香るのは、装飾花がないため匂いで昆虫を誘ってるのだろう。

**下　ネムノキ**　夜になると葉が畳まれてだらりと垂れる、それを眠っていると見たのだろう。マメ科でありながら蝶のような花が咲かず、長い花糸（オシベを構成する茎状のもの）が赤くなり花弁の代わりをする。花が終わると豆が出来る、この豆の夾が大きく羽根の代わりになって種子を飛ばす。

**上　エゴノキ**　最近はビルの周囲などにも植栽されるので、市街地でも出会う機会が多くなった。夥しい数の下向きの白い花が好まれるのだろう。果実の皮にサポニンを含んで苦い（えぐい）のが名の由来とか。種子はヤマガラの好物といわれているので食べてみたが、やはり苦かった。

**中　ハクウンボク**　真っ白い花がいっぱいに咲き、まるで白雲のように見えるからというやや大袈裟な理由が名の由来だとのこと。花の形はエゴノキを一回り大きくしたようなものだが、葉の大きさは全く違う。葉にはハマキガがよく産卵するのか、葉巻タバコのようにクルリと巻いた葉をよく見る。円内は葉巻き。

**下　ナツツバキ**　ツバキの仲間で夏に開花するためこの名があり、別名シャラノキ。お釈迦様が最期を迎えられたときに、四方にシャラノキが2本ずつあったことから沙羅双樹といわれるそうだが、このシャラノキと本種はまったく別。樹皮はサルスベリに似て、花は白い椿そのものだが、果実はまったく違う。

**上　サルナシ**　マタタビと同じ仲間、マタタビの花には虫こぶがよく付くためか、花が葉の下に隠れていて目立たず、葉が白くなって花の代わりをしているようだ。しかしサルナシの花は目立つように葉の外側に飛び出し、かつまとまって咲く。雄花しか付けない株もあり、どの株にも果実ができるとは限らない。

**中　ネジキ**　米粒のような大きさの白い花を並べて咲かせなかなか可愛い。咲いているのに気付くことは少なく、花が地上に落ちているのを見て初めて気付くことが多い。樹皮がねじれていることが名の由来。まっすぐの細い枝は箸にちょうどいいが、有毒植物なので中毒することがあるらしい。

**下　オオバアサガラ**　エゴノキの仲間だが花の形がまったく違う。ブドウの房のように垂れて咲く姿はなかなか風情があるが、果実はまるで枯れ草のような姿で、植物愛好家にさえ見向きもされないようだ。シカが食べないので繁茂しており、どこにでもあるような錯覚を抱くが、京都近郊の山ではほとんど見たことがない。

密生して咲き、花弁そのものは白に近いが、花糸《かし》（オシベを構成する茎状のもの）や花茎が青や紫色をして全体として薄紫の花の塊のように見える。花を下から見ると、その花糸や花茎の透明感が素晴らしく惚れ惚れする。

豪華な西洋アジサイはどうも好きにはなれないが、飾り花のないコアジサイはとても上品で清楚な感じがして私の好きな花の一つである。最近このコアジサイが芦生では増えてきた。京都市街地周辺の山では、シカに食べられて崖のような場所でないと見られなくなっているが、芦生では現在もごく普通に見ることができる。シカが食べる植物でありながら増えてきたのは、シカの数に対してコアジサイの数が圧倒的に多いことや、先端を食べられても低位置から枝を次々と出す逞しさが原因ではないかと思う。シカの不嗜好性植物だけが広がる現在の芦生にあって、コアジサイの存在とそれが増えてきたことは、何か救われるような気がしてならない。ただ、他の植物がさらに消えてしまうと、コアジサイを集中的に採食する可能性は残されており、安心してばかりはいられない。

また初夏に花の咲く樹木の中には、近縁種間で互いに花の咲く時期を少しずらしているものがある。タンナサワフタギがサワフタギの後で咲くというように、クマノミズキはミズキの後で咲き、イワガラミもツルアジサイの後で咲く。これは進化の過程で花の咲く時期にズレが生じ、そのことによってお互いに交配しなくなってやがては別種になったのだろう。このような例はごく普通にあるようだ。また、毎年のように花を咲かせる樹木もあれば、隔年あるいは数年に一度しか花が咲かない樹木もあって、毎年同じように花が見られるとは限らない。一方で膨大な量の花を咲かせて驚かされることもあるが、花の量と果実の出来とはこれまた一致しない。栽培種は人間が肥料を与えているため豊凶の差が少ないが、森で生きる樹木は自分で栄養分を作らなければならず、夏の天候などによって豊凶

**上　イワタバコ**　谷沿いにある岩場に張り付くようにして自生している。そのため真夏には雨が降らず乾燥することがよくあり、かわいそうに萎れているのを見かける。花の少ない季節に咲くため濃いエンジ色の花はよく目立つ。葉は名のとおりタバコの葉に似ていて、食用にも薬用にもされるようだ。

**中　オトギリソウ、下　サワオトギリ**　名の由来が有名で一つの物語になっている。昔鷹匠の兄弟がいた。兄はオトギリソウが傷ついた鷹に付ける薬になることを秘密にしており、弟にもこれを守らせていた。ところが弟がこの約束を破って同じ鷹匠仲間に教えてしまったため、これを知った兄は怒って弟を斬り殺してしまったことが名の由来で、その時散った血のしぶきが、葉の中にある黒い点であるといわれている。本種の仲間のサワオトギリは、黒点は縁だけで他は明点（半透明の明るい点）である。庭などに植えられて園芸用に栽培されるキンシバイやビヨウヤナギも同じ仲間であり、いずれも葉に黒点または明点が見られる。

**上　デワノタツナミソウ**　花の姿が海岸に押し寄せる浪のように見えるからというのがタツナミソウの名の由来とか。しかもこの浪は葛飾北斎の浮世絵に出てくるような浪だ。花が咲き終わった後、上のガクが大きくなり、そこに雨粒が当たるとその反動で種子が飛ぶらしく、このような散布方法を雨滴散布という。

**中　クマ剥ぎ**　ガスのかかった森の中で生々しいクマ剥ぎの痕を見つけると、ちょっと心細くなってくる。以前クマが立ち上がってスギの樹皮を剥がしている現場に出合ったことがあるが、その周囲はクマ剥ぎだらけだった。おいしい樹に出合ったときは執着するのか、樹に登ってまで食べているようだ。

**下　クマ剥ぎの糞**　クマは同じものを集中的に食べる傾向があるようで、サルナシであればサルナシばかりを、木イチゴであれば木イチゴばかりを食べているらしく、糞の中身もそれらで満たされ甘い香りがする。スギの樹皮剥ぎも同様で、糞の中身はスギの繊維ばかりだ。しかし繊維だけでは栄養分は少ないだろう。

**上　オオバギボウシ、中　シカに採食されたオオバギボウシ**　大型の草本で、花もたくさん付くのでよく目立つ。一般には草原の植物であるが、芦生では由良川本流などの渓流沿いに自生している。花の形が橋の欄干に付けられている擬宝珠に似ていることが名の由来とのこと。ウルイという名やヤマカンピョウという名で知られた有名な山菜でもあるため、シカの採食によって最近急激に減ってきた。植物体が大型であるため食べられた痕も悲惨なほど目立ち、そんな姿に出合うと悲しくなってしまう。

**下　バイケイソウ**　有毒植物であり、芽吹きの頃の姿がオオバギボウシに似ているため、誤って食べ中毒することが多いようだ。たくさんの花の一つ一つは梅の花に似ている。シカなどの草食動物はあまり食べていないが、バイケイソウハバチという葉蜂の幼虫に激しく食べられ、最近は花を見ることが少なくなってきた。円内はバイケイソウハバチの幼虫。

の差が生まれるようだ。

一方、この時期に花開く草花はあまり多くはなく、主に渓流沿いに咲くオオバギボウシやバイケイソウあるいはデワノタツナミソウなどがある程度だろうか。オオバギボウシは大型で「ウルイ」という名の有名な山菜でもあるところから、シカに激しく食べられるようになり険しい場所以外では花を見ることができなくなってしまった。

五月末から六月にかけては、スギを中心にクマによる樹皮剥ぎが見られるようになってくる。これは、形成層の細胞分裂が盛んになることにより、樹皮を剥がしやすくなることと、その形成層が甘味を持つことからクマがそれを好んで食べるためらしい。実際に食べてみると少し甘味があり、クマが好むのも理解できる。ただ甘みの強度はその時期に降る雨の多寡などと関係があるらしく、雨の多い年は水っぽく、雨の少ない年は比較的甘さを感じる。そのためか雨の多い年は樹皮剥ぎが少なく、雨の少ない年は樹皮剥ぎが多いように感じる。

樹皮剥ぎはスギにとって大きなダメージとなり、これが原因で枯れてしまうこともある。従って林業経営者にとっては看過できるものではなく、テープ等を巻いて予防しているが効果は絶対ではなく、またテープが劣化して役目を果たさなくなっているものもあって、クマの樹皮剥ぎを防ぐのは簡単ではないようだ。しかし考えてみると、スギの単一林である人工林は異常な森林であり、これを多様性の高い自然林に戻そうとしている、そのような視点で捉えてみると、クマの行動は森にとってなくてはならないものではないだろうか（こんなことを言うと林業経営者に叱られてしまいそうだが）。また、樹皮剥ぎにより樹木に洞ができることがあり、このため将来世代のために冬眠穴を作っているのだと言う人もあるようだが、そのような視点で考えると、ミツバチなどの巣を作って将来世代のために餌を確保しているのだという見方もできるかもしれない。

　七月になると樹木の花はほとんどなくなり、イワタバコ、オトギリソウ、サワオトギリ、ツリフネソウ、ヌスビトハギ、マツカゼソウ、ヤマジノホトトギスなど谷沿いや暗い森の中でも咲く草花たちがわずかに見られるだけになる。その中でイワタバコは渓谷の岩などに張り付いて咲く美しい花であり、暗い渓谷にあってその鮮やかさが際立っている。また渓流沿いの明るい場所では、小さく明るいピンク色の花を密集させたシモツケソウが、華やかさの欠いた渓谷に点在して目を楽しませてくれる。しかしこの花もシカに食べられて小さくなってしまった。

　六月末から七月にかけての梅雨の時期はキノコの多い季節でもある。キノコというと秋のイメージがあるが、梅雨時、特に後半はキノコの発生が多い。中にはシイタケやナラタケ、キクラゲなどの食用になるキノコもあるが、大半は食用に不適なキノコたちで、猛毒のキノコも多い。テングタケやベニタケ、イグチの仲間が多く、フクロツルタケやシロタマゴテングタケなどのテングタケの仲間は猛

上　**ヤマジノホトトギス**　花の中にある斑点がホトトギスの胸の模様に似ているからとの命名であるが、この斑点模様はなんのためにあるのだろう? 日本には様々な花があるが、このような不可解な模様をしている花はあまりないように思う。また突き出したプロペラ状のメシベも特徴的で、見れば見るほど特異な花だ。

上　**ツリフネソウ**　ぶら下がって咲く大きな花を船に見立てた命名らしく、さすが日本人らしいセンスの良い名付け方だと思う。ホウセンカと同じ仲間なので、熟した果実を触ると種子が飛び跳ねる仕組みになっていて、英名はtouch me not（触らないで）というらしい。一度この感触を知ると病みつきになる。

下　**シモツケソウ**　ピンク色のフワッとした優しげな花で、花の少ない真夏に咲くため、花蜂たちにとっては貴重な存在であると共に、暑さに耐えながら歩いている者を癒してくれる優しい存在でもある。芦生では由良川沿いの急斜面などに自生しているため、伊吹山などの緩やかな場所で見るものより小型だ。

下　**マツカゼソウ**　日本に自生するミカン科の植物のなかで唯一の草本である。名前にあるとおりの涼しげな花を付けるが、名とは裏腹にサンショウに似たあまりいいとは言えない匂いがする、ただ、齧るとそれほどひどい味ではない。この匂いを嫌うためか、シカが食べないのでだんだんと増えてきた。

シイタケ

フクロツルタケ
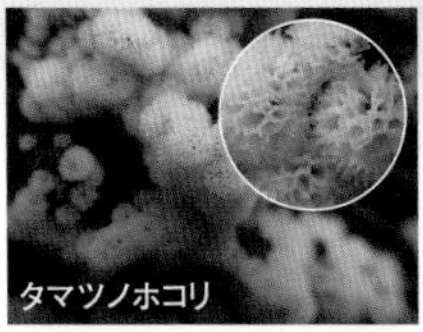
タマツノホコリ

ナラタケ

シロタマゴテングタケ

ツノホコリ

キクラゲ

タマゴタケ

エダナシツノホコリ

毒のキノコであるが、同じテングタケの仲間でも色鮮やかなタマゴタケは有名な食用キノコだ。

また、以前はキノコに近いとされていたが、今はアメーバーに近い生きものとされる変形菌も、一年で一番たくさん見られる季節ではないだろうか。小さな生きものたちなのでよほど探す気で見ないと出会えないが、一度覚えると大形の変形菌なら普通に歩いていても見つけられるようになってくる。タマツノホコリという純白の変形菌に初めて出会ったときは、自然が作り出したものとは思えないほどの精緻な構造美に感動したものである。この仲間にはツノホコリやエダナシツノホコリという変形菌があり、それぞれ親戚関係にあるようだがいずれも純白で美しく惚れ惚れする。

コケたちが一番鮮やかな姿に変わるのもこの頃からだ。ほとんどが常緑であるコケたちは春が過ぎるまで前年の葉のままでいることが多く、ようやく梅雨頃になって新葉を開き始める。すると少し色褪せて黒ずんで見えていた地表が、一気に明るくなり薄暗い森の中が華やいでくる。ヒノキゴケやケチョウチンゴケをはじめ、カモジゴケなどのシッポゴケの仲間たち、オオスギゴケ、ナミガタタチゴケ、コセイタカスギゴケなどのスギゴケの仲間たちのほか、クジャクゴケ、トヤマシノブゴケ、オオカサゴケ、コウヤノマンネングサ、ホウオウゴケ、フトリュウビゴケなど、中大型のコケたちが生き生きとして存在感を誇

示する。

芦生には三〇〇～四〇〇種類のコケが自生していると思われるが、特に由良川沿いの歩道（以下「トロッコ道」という）には多く、日本蘚苔学会が「日本の貴重なコケの森」の一つに選定していることからも、その多様性の高さを分かっていただけるのではないだろうか。コケ観察の必需品に「霧吹き」がある。コケの中には乾燥すると葉を巻いて縮んでしまうものがあり、その時には霧吹きで水をかけてやるとある種のコケでは瞬く間に、そうでなくても徐々に葉を開いて本来の姿に戻ってくれるので観察がしやすくなる。コケは原則として葉から水分を吸収する。そのため雨が降ればすぐに葉から水分を吸収することができるので森林内の保水に貢献している。

梅雨時にはまとまった雨が降らないと様々な生きものが困る。植物もそうだが最も困るのはオタマジャクシではないだろうか。水溜りやその上に卵を産み付けられたアズマヒキガエルやモリアオガエルは、雨が降らなければ水溜りが涸れて生きていけなくなる。特にアズマヒキガエルは、稜線付近でよく見られるシカやイノシシのヌタ場（泥浴び場）にも産卵する。これは天

上　**イワギボウシ**　オオバギボウシと比べ、花期が1か月以上遅れ生育場所も大木に着生しているなど、その違いははっきりしている。しかし、少し小さい程度で形態的にはほとんど変わらないため、もしも同時期に咲いていたとしたら識別は難しそうだ。ナラ枯れで大木が少なくなり、本種も減ってしまった。

下　**ヒヨドリバナ**　この花とヒヨドリを結びつけるのは難しい。ヒヨドリが鳴く頃に咲くというのが語源らしいが、ヒヨドリは年中鳴いているように思う。花の数が多くて長期間咲いているようだ。秋の七草のひとつフジバカマと同じ仲間で花もよく似ているが、フジバカマは葉が三つに裂けていて自生種はほとんどない。

上　**リョウブ**　樹皮がサルスベリに似ているものもあるが、サルスベリやナツツバキほどスベスベになることはない。救荒植物（飢饉の為に植えられた）で、葉は山菜になりテンプラにするとおいしい。シカも葉を食べるが樹皮もよく食べる、しかし樹皮剥ぎには耐性があり、すっかり樹皮が無くなっても枯れない。

中　**ホツツジ**　目立たない小さな花を穂状に咲かせるが、すぐに散ってしまうので花の数は少なく、咲いていてもあまり気が付かない。有毒植物で花粉にも毒があるため、蜂蜜の中にこの花の花粉が混じっていて中毒を起こした事例があるとのこと。この毒性の強さを利用して葉を便所に播いてウジ退治したという。

下　**ボタンズル**　カザグルマやテッセンの仲間であるが、花が比較にならないほど小さく同じ仲間とはとても思えない。しかし里に多いセンニンソウにはよく似ていて、花だけ見ると違いがほとんど分からない。種子はいずれもよく似ており、羽毛のような羽根が付いていて風に飛ばされて散布される。

上　**アズマヒキガエルの小さなカエル**
アズマヒキガエルは川から離れた水溜まりに産卵することが多く、梅雨が終わると干上がる可能性が高い。そのためできるだけ早くオタマジャクシからカエルになって水から出る必要があり、水辺に産卵する他のカエル類よりもずっと早くカエルになるようだ。小さなカエルが一斉に跳ねる姿は可愛い。

中　**アワフキムシ**　初夏の頃に森を歩くと出会うことが多く、ときには無数のアワフキムシの泡が有ることもある。梅雨の頃と重なることも多く、雨で流されないかと心配になるが、無事で何ともないようだ。普通は木や草に付くらしいが、芦生では地上で見ることが多い。種類が違うのだろうか。

下　**クサギ**　名前ほどひどい臭いではなく、少しゴマのような匂いがする程度で、名前のほうが酷すぎるようだ。葉は食べられるが苦味が強いので、重曹を少し入れて茹でた後、しばらく水にさらして油炒めするとおいしい。花の香りは強く、また派手な色合いをしているので、何かしら妖艶なイメージを持っている。

夏の由良川上流

**上　ナツエビネ、下　腐るナツエビネ**　ナツエビネは名前のとおり夏に、しかも一番暑くなる頃に咲く。そんな頃にこの花を見ると一瞬暑さを忘れてしまう。ところが最近は、猛暑が、森の中にも押し寄せてきて、木陰に入っても涼しくないことが珍しくなくなってきた。そんな暑い日が続くと、花茎が黒くなってやがて花も咲かないまま腐ってしまうことが、このところ毎年のように起こっている。酷い年には数個だけしか花を見ないということもあって、個体数がどんどん減っている現在、花が咲かなければ種子はできず、種子ができなければ後継者も育たないという悪循環に陥り、さらに個体数が減ってしまうのではないかと危惧される。

敵のアカハライモリがほとんどいないからだと思うが、反面稜線は雨以外に水の供給源がないため雨が降らないとたちまち干上がってしまう。そのためだろうアズマヒキガエルのオタマジャクシはカエルになるまでが早く、梅雨の終わる前には小さなカエルになって集団でピョンピョン跳んでいるのを見る。この姿はとてもかわいい。

梅雨が終わり真夏になると、標高の低い山ではあまり気温が下がらず、山歩きの好きな人達からも敬遠されがちになる。また様々な昆虫たちが最も活動するのもこの頃であり、中には人間に嫌われるものも少なくはない。それでも、猛暑日の続く街から逃れて由良川の岸に佇めば、涼しげな流れの音と爽やかな風に晒されて、疲れ果てた体が癒されていく。流れの音や風の音と共にセミの声が耳朶《じだ》を打つ、エゾゼミやアカエゾゼミだろう、単一の声が森の中から染み出してくるかのようだ。目を閉ざしているとそれらの音に包まれて次第に眠りの世界へと運ばれて行く。暑さとのせめぎあいの中で疲れた体が解けていくようだ。

そんな暑い夏には咲いている花も本当に少なくなる、樹木ではクサギやリョウブ、ホツツジぐらいしか思いつかないし、草花でも目立つ花はボタンヅル、イワギボウシ、ヒヨドリバナ、ナツエビネなど多くはない。ナツエビネは、花の咲く頃の気温が高すぎると花が黒くなって腐ってしまうという現象が、このところ毎年のように起きている。こんなところからも夏の気温が上昇傾向にあることが窺え、それが生きものにまで影響していることが分かる。

苔むすトチノキ

ガスがかかる山上

また、気温が高くて雨が降らないと、尾根上の樹木が葉を落としたり地上部を枯らしたりして、乾燥を乗り切ろうとしている姿を見ることがある。これは根から吸い上げる水よりも葉から蒸散する水の方が大きくなるためらしく、イタヤカエデは真夏にたくさんの葉を落とすことがあり、また萌芽《ほうが》（ひこばえ）をたくさん出しているシロモジが、細い萌芽を残して枯れたこともあった。移動できない植物は、様々な潜在能力を秘めているものだと感心する。

## 秋の森

九月も半ば近くなってくると都会でも三五度を超える日はなくなり、逆に朝夕めっきり涼しくなって長かった夏の終わりを実感するようになる。森の中でも変化が見られ、シソ科やタデ科の花が咲き始める。シソ科の花としてはクロバナヒキオコシ、アキチョウジ、アキギリなどがあるが、いずれもシカに食べられてあまり見られなくなった。クロバナヒキオコシは日本海側に分布する植物であるが、草原のような場所に咲く花であるため、人家付近以外では見る機会もない。

タデ科の花は多く、イヌタデ、ハナタデ、ヤノネグサ、ミゾソバ、ミズヒキなどがあるが、これもシカに食べられて少なくなってきた。これらの花は、濃淡はあるもののいずれも淡いピンク色をしているが、これは花弁ではなくガクであり、花が終わった後も果実を守るために淡いピンク色のまま残るので、いつまでも花が咲いているように見える。試しに花を潰してみると、中から固い種子が出てくるので花ではなくなっていることが分かる。

芦生で見られるトリカブトはサンヨウブシという種類で、猛毒であるトリカブトの中では比較的毒性が弱いといわれている。現在のところシカがほとんど食べていないので個体数は増えてきたが、一〇年近

秋の由良川中流

秋の由良川支流

**上　サンヨウブシ、中　うどんこ病、下、マルハナバチ**

芦生に自生しているトリカブトはサンヨウブシといわれる種で、毒はトリカブトの仲間では弱いほうらしい。トリカブトの花の形は独特で、外側にある雅楽で使う鳥兜状の大きなものはガクであり、花弁は細くて小さく、ガクに隠れている。その花弁の中に蜜があるのだが、マルハナバチのような、象の鼻状の口（口吻という）を持った花蜂でないと蜜が吸えないようになっている。毒性の強い植物であるためシカはほとんど食べていないが、毎年夏になると、菌糸が葉一面に広がって白く見える「うどん粉病」が発生し、花を咲かすものが少なくなってしまった。そのためトリカブトの花から蜜を集めるマルハナバチが影響を受けているようである。

**上　ハナタデ**　この仲間はみんな同じような姿をしており、見分けるのが難しいものもある。このハナタデもイヌタデに似ていて、花の咲く前はよく間違える。ハナタデの方が花の数が少なく色も淡い、しかし葉の形はそっくりだ。またイヌタデが明るい野原に多いのに対し、ハナタデは少し山に入った日陰地に多い。

**中　ミゾソバ**　流れの傍などに繁茂しているのをよく見るが、花をじっくりと見る機会は少ないに違いない。ソバに似ていることが名の由来だが、一つひとつの花はとても美しく数個が密集する。葉が珍しい鉾（ホコ）形をしており、茎には逆さの棘がまばらにあって、これで他の個体などに寄りかかって立つ。

**下　ミズヒキ**　花茎が長くこれを水引に見立てた命名のようだ。花はとても小さく目立たないが、赤いガクがいつまでも残って花弁の代わりをする。花が終わると鉤状のメシベがひっつき虫の役目を果たし、動物の毛などに付着して種子を散布しているらしいが、付着する能力はあまり強くはないようだ。

**上　クロバナヒキオコシ**　弘法大師が倒れている旅人に飲ませて助けたとされるのはヒキオコシ。腹痛などに効能があるらしいが、本種にも同様の効能があるようだ。しかし生葉を食べると極めて苦く、煎じなければかえって症状が悪くなるかもしれない。花の色が濃い紫色をして黒っぽく見えるのがクロバナの語源のようだ。

**中　アキチョウジ**　シソ科の植物には特有の香りがあるが、これは動物に食べられないようにするための防衛物質だと考えられ、実際レモンエゴマなどシカにもあまり食べられないものもある。しかし本種は大型の草本であるためよく食べられて少なくなった。筒状の花は細長く、断面が丁子に見えることが名の由来とか。

**下　アキギリ**　サルビアの仲間だというと納得していただけるだけあって花の形はそっくりだ。花の色は紫色で気品がある。葉の形が桐の葉を小さくしたような形をしていることによる命名らしい。メシベが長くて花の外に大きく飛び出している。シカに食べられて流れの傍にある急斜面でしか見られなくなった。

上　シロヨメナ　ヨメナと同じ仲間だが、花は小さく数が多い、また植物体も大きい。そのため両者を見間違うことがないが、イナカギクとはよく似ている。イナカギクはかつて自生していたようだが、生育地が日当りのいい場所であるためシカの採食で消えてしまい、現在では日陰の崖地でも生育できるシロヨメナだけになってしまった。

下　アキノキリンソウ　秋に咲くキリンソウに似た花という意味の命名らしいが、キリンソウはベンケイソウの仲間であり、実際花も葉も似ているとは言い難い。秋には青や赤系統の花を咲かせる植物が多く、黄色い花を咲かせるものはキク科以外には少なくなるようだ。秋には黄色い花は不利になるのだろうか。

上　ツルニンジン　根がチョウセンニンジンに似ていることが名の由来だそうだが、別名はジイソブ。「爺さんのそばかす」という意味で、花の中にある模様をそばかすに見立てたようだ。私自身もシミが増えてきて今はもうジイソブになってしまった。花は大きいが色彩が地味なため目立たない。

下　ツルリンドウ　リンドウの仲間なので確かにリンドウの花の形をしているが、地味な色合いをしている。一方紅く色付く果実は大きくて光沢があり、花よりもよく目立つ存在だ。おいしそうに見えるがほとんど無味。タヌキの溜糞場ではよく見られるため、タヌキは食べているのだろう。円内は果実。

上　シラネセンキュウ　多年草であるが、花を咲かせて果実を作ると枯れてしまうとのこと。セミのような一生でなんと儚いことだろう。花を間近で見ると、桜を小型にしたような花が同一面に並ぶように柄の長さを調節し、ブロッコリーのようになって咲いている姿は感動的だ（複散形花序という）。

下　シシウド　大型の草本なのでシカも食べ応えがあるのだろう。今までは普通に見られたものだが、現在では険しい場所に僅かに残るだけとなってしまった。放射状に規則正しく分岐する花はまるで線香花火のよう、個々の花はシラネセンキュウよりも小さいが、セリ科の花特有の幾何学的構造に美を感じるほどだ。

く前から葉が白くなるうどん粉病が蔓延《まんえん》し、春こそ青々とした葉を広げているものの真夏になるとほとんどの個体がうどん粉病に冒されて地上部を枯らしてしまう。秋に花を咲かせる植物の多くがシカに食べられた結果、この季節に花を見ることが本当に少なくなったが、その中でシカに食べられないトリカブトの存在は、花の蜜に餌を依存する花蜂たちにとって貴重な存在になっていた。ところがこのうどん粉病の影響で最近この花も少なくなってしまい、花蜂たちの将来が心配され始めた。実際、同じ花に花蜂が何度も訪れているのを見ることがあり、また果実もほぼ一〇〇パーセント実っていることから、花が少なくなったために、否や花が少なくなったからこそ、な

郵 便 は が き

恐縮ですが
切手を貼って
お出し下さい

6 0 6 - 8 1 6 1

京都市左京区
一乗寺木ノ本町 15

ナカニシヤ出版
愛読者カード係 行

■ ご注文書 （小社刊行物のご注文にご利用ください）

| 書　名 | 本体価格 | 冊 数 |
|---|---|---|
| | | |
| | | |
| | | |

ご購入方法（A・B どちらかをお選びください）
A. 裏面のご住所へ送付（代金引換手数料・送料をご負担ください）
B. 下記ご指定の書店で受け取り（入荷連絡が書店からあります）

| | | |
|---|---|---|
| 市<br>区 | 町<br>村 | 書店<br>店 |

# 愛読者カード

今後の企画の参考、書籍案内に利用させていただきます。ご意見・ご感想は匿名にて、小社サイトなどの宣伝媒体に掲載させていただくことがあります。

| |
|---|
| お買い上げの書名 |

| | |
|---|---|
| (ふりがな)<br>お名前 | (　　　歳) |
| ご住所　〒　　　－ | |
| 電話　　　(　　　　) | ご職業 |
| Eメール　　　　　@ | |

■ お買い上げ書店名

市　　町　　書店・ネット書店名
区　　村　　(　　　　　　　)

■ 本書を何でお知りになりましたか

1. 書店で見て　2. 広告(　　　　　)　3. 書評(　　　　　)
4. 人から聞いて　5. 図書目録　6. ダイレクトメール　7. SNS
8. その他(　　　　　　　　　　)

■ お買い求めの動機

1. テーマへの興味　2. 執筆者への関心　3. 教養・趣味として
4. 講義のテキストとして　5. その他(　　　　　　)

■ 本書に対するご意見・ご感想

**上　サルナシの果実**　キウイフルーツと同じ仲間だから食べられる。しかし大きさはまったく違っていて小さく、剛毛も生えていない。味はサルナシのほうが各段上で、様々な山の果実を食べたが、その中のベスト5に入るほどおいしい。未熟な果実は果実酒に利用でき、滋養強壮の効能があるようだ。

**下　ケケンポナシの果実**　果実の柄が膨れて甘くなるというと変わり者で、本当の果実は食べてもおいしくないと思う。甘い柄を動物が食べようとすると、果実が柄と強く結びついているため、どうしても果実も一緒に食べざるを得ないようにできている。少し渋いが地上に落ちてしばらくすると渋みが抜けおいしくなってくる。

**上　リンドウ**　里山では本当に見なくなってしまったが、芦生やその周辺では林道の法面や川沿いの急斜面などで出会う機会が少なからずある。晩秋の明るい場所でなかば枯れかかった葉を従える頃まで、長い期間立って咲いているが、若い頃の花の色は清々しく凛としている。生薬名の竜胆が名の由来とか。

**下　ダイモンジソウ**　ユキノシタの仲間で、5枚ある花弁の下の2枚が長いために大の字に見え、それが名の由来にもなっている。芦生では、増水すると水を被るような渓流沿いに弱々しい花茎をたくさん立てて自生している。そのため、秋が深まって増水する危険がなくなる頃になりようやく開花するのだろう。

**上　アシウアザミ**　アザミの仲間はたくさんあって分類が難しい。本種は滋賀県と京都府の県境付近、ちょうど芦生付近にだけ分布するようだ。春に咲くノアザミの花の色は濃い赤紫色をして鮮やかだが、本種は地味だ。アザミの語源には諸説あるが、いずれも「触ると痛い棘」の存在に由来しているようだ。

**下　アケボノソウ**　命名センスが素晴らしい。花弁にある明るい斑点を夜明け前の名残の月に、青い斑点を夜明け前の名残の星にそれぞれ見立てたらしいが、私にはそこまで飛躍して想像する力はない。明るい斑点からは蜜を出して昆虫に提供しており、花粉を運んでもらうことや害虫を追い払ってもらうことへの報酬だろう。

おいっそう花蜂たちにとってトリカブトの花が貴重な存在になっているのだということが分かる。

その他大形の植物としてはヒヨドリバナやシラネセンキュウ、シシウドなどがあるが、いずれもシカの採食のために急斜面にわずかに残るだけとなってしまった。しかしつる植物のツルニンジンやツルリンドウはあまり好まないのか、あるいはつるであるために食べにくいのかわからないが、食べられた跡をほとんど見ることがない。ツルニンジンはキキョウ科の植物で大型の花を付けるが、色彩が地味なために気をつけていないとなかなかお目にかかれない存在だ。

一〇月になると花はわずかとなり、キク科のシロヨメナやアキノキリンソウ、芦生の名を冠したアシウアザミが道路沿いの岩場などに揺れ、人家近くではゲンノショウコやノコンギクがまだたくさん花を咲かせている。アケボノソウは花の形が端正な星形をしており、花弁にある斑点を夜明けの星空に見立てた命名には感心する。一年の花の最後を締めくくるのはシロヨメナとリンドウそしてダイモンジソウではないだろうか、リンドウは里山では見る機会がなくなったが、芦生ではまだよく見かける。ダイモンジソウは渓流沿いで涼しげな花を風に揺らしている。「大」文字型をした独特の花は一つひとつは小さくて目立たないが、たくさんの花が集まっているとなかなか風情がある。渓流沿いが自生地であるため、増水の心配がなくなる晩秋になってから花を付けるのかもしれない。

　秋は実りの季節、特に樹木の果実はこの季節に集中する、人間を含め動物たちは植物が作る果実を待ちかねたようにして食べる。一方植物にとって果実は、種子を散布するための道具であり、一度定着すると移動できない植物にとって物理的に移動できる唯一の機会であることから、種子散布に対しては並々ならぬ労力を使い、知恵の限りを尽くして工夫を凝らしているようにみえる。

　果実のなかには人間が食べてもおいしいものがあり、これ等は主に哺乳類が食べて種子を運んでいるようだ。霊長類以外の哺乳類は色の識別ができないといわれているため、これらの果実は色彩が地味で大型のものが多く、芦生ではオオウラジロノキ（これはこのままではおいしくない）、サルナシやケケンポナシなどがあり、その他ヤマボウシやアケビ、ミツバアケビなどもある（芦生ではアケビ類は少ない）。ガマズミ類やサンカクヅル、カマツカなどは哺乳類も食べるが、小型の果実は野鳥たちが主に食べるようである。鳥たちが好む果実の色は、赤色か黒色だといわれ、青い果実を付けるサワフタギや紫色の果実を付けるムラサキシキブは特別な存在のようだ。またナナカマドやソヨゴなどはかなり苦く、

**上　サワフタギの果実**　冬枯れの森ではよく目立つ存在だが、青い果実というのは一般的にあまり見られず、草本ではジャノヒゲやヤブミョウガなどが思いつくが樹木では出てこない。つまり有利性がないためにほとんどの植物が選ばない稀な色だということだと思うが、それでも生き残っているのはなぜなのだろう。味は無味に近い。

**中　ムラサキシキブの果実**　この樹木の果実も普通見られない紫色をしている。この色についてもサワフタギと同じことがいえ、他の植物が選んでこなかった色をしていても、これまで種が続いてきたのはなぜだろうかと思う。庭木に使われるのは果実が固まって付くコムラサキで、ムラサキシキブはあまり見ない。味は無味に近い。

**下、ナナカマドの果実**　バラ科の植物であるが苦くてとてもまずい。春まで残っているくらいだから鳥にとってもおいしくないのだろう、春になるとさすがにもう食べてもらえないと観念するのか、黒くなって落ちる。たくさんの果実を付けるので、まだ赤い間に雪が載ると、赤と白のコントラストがとても美しい。

**上　コバノガマズミの果実、中　ガマズミの果実**　ガマズミ類は果実もよく似ていて赤い小さな実をたくさん付ける、季節が進み果実が軟らかくなってくるとようやく甘味が出てきておいしくなるが、それまでは酸っぱいだけ。同じ仲間のオオカメノキやヤブデマリなどが熟すと黒く変わるのに対し、ガマズミ類は赤いまま、鳥たちはどんなサインで熟したと知るのだろうか。ガマズミ類の中でガマズミの種子だけは赤くなる（赤くないものもあるが）。一般的に種子が赤くなるものはあまりなく、赤くすることによって何か有利なことでもあるのだろうかと、食べた後の種子を見ながらいつも不思議に思う。

**下　カマツカの果実**　果実の豊凶差が大きく、その中でも凶作の方が多いような気がする。そのためこの果実を食べる機会はあまりないが、軟らかく熟すと甘くておいしい（リンゴの芯のような味と言ったらぴったりか）。その他ノイバラの軟らかく熟したものも、カマツカに似た味がしておいしい。

**上　ヤマボウシの果実**　ハナミズキは、一つひとつの花が独立しているので果実も独立しているが、ヤマボウシはすべての花が集まって一つの大きな果実を作る。そのため種子が1個しかできない場合でも大きな果実を作ることになる。味はアケビに少し似ているがそれほどおいしいものではなく、2〜3個食べるともう十分だ。

**中　ミツバアケビの果実**　一般には、葉が5枚のアケビと3枚のミツバアケビがあり、芦生には2種類とも自生しているが少ない。大きな果実と濃厚な甘みは魅力で、少年時代は毎日のように山に入った。味はミツバアケビの方がおいしい。種子には白い附属物が付いていて、種子を運んでくれるアリに対する報酬とのこと。

**下　サンカクズルの果実**　葉が三角形をした小さなブドウの仲間、近縁種にエビヅルというブドウの仲間があるが、そちらの方が果実の数も多くおいしい。別名ギョウジャノミズと呼ばれ、蔓を切ると切り口から水が出てくるので、行者が山で修行をしているとき喉が渇くと、この蔓を切って飲んだからとか。

野鳥たちでさえあまり好まないと思われる。しかしそのような果実は、なかなか落下せずいつまでも残っているため、餌が少なくなる冬の後半になると食べられるようになってくる。まずい果実は保険のようなものであり、他に餌がなくなったときの非常食のようなもの。したがって餌が十分あった冬は春まで残っているが、このような果実の存在も自然のなかではとても重要で意味があるようだ。

　ドングリやトチノキの実などの大型ででんぷん質の多い果実は、種子そのものが餌となるため、食べられてしまうと種子撒布の役割を果たさなくなるが、中には果実を隠したまま忘れてしまうものや、多すぎて食べきれない事もあり、そのような時には、結果的に種子が散布されたのと変わらなくなる。クマやイノシシあるいはシカ等の大型哺乳類も食べるが、彼らは噛み砕いてしまう上に隠し忘れということもない。そのため植物にとっては迷惑な存在のように見えるが、森全体の多様性を維持する重要な役割を果たしているように思う。それは、ドングリ類を付ける植物の多くは、高木となって条件のいい場所を占める樹木であるため、そのような植物が森を独占しないように調整しているように感じるからである。

　クマは木登りがうまく、水平に張り出した枝の上をまるで地上を歩くかのような姿で歩いているのを見たことがある。そのためドングリ類が実る頃には木の上に登って食べることがよくあり、枝先のものを食べるときは枝を折るのだろう、折れた枝が一か所に集められてまるで鳥の巣のようになっているのをよく見る。これをクマ棚とか円座などと呼んでいる。芦生ではクリの木に見ることが最も多く、その下にはたくさんのクリのイガと食べた滓のクリの皮が落ちている。これを見るたびいつも思うのだが、クリのイガは触れるだけでも痛いはずなのに、それにもかかわらず食べているというのは、どのようにして割って中身を取り出すのだろうか？その時痛くはないのだろうか？と。クリ以外にはミズナラや

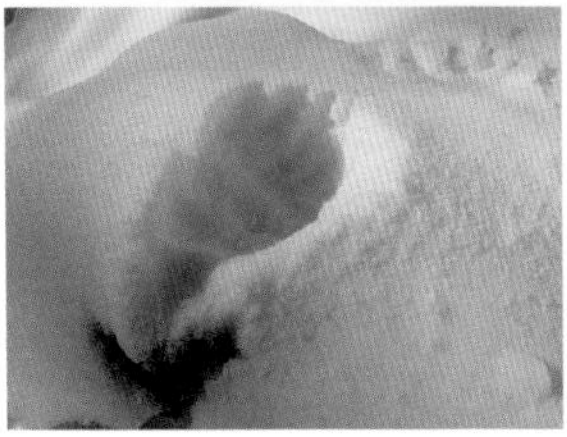

**上　ミズキの果実**　ミズキの果実は熟すと赤から黒に変わる、赤いものの中に黒いものがあるとよく目立つから（二色効果といわれる）らしいが、果柄も赤いため、果実のすべてが黒くなっても二色効果が効いてよく目立つようだ。味は酸っぱ苦くてまずいが、クマの好物で樹に登って食べているのを見たことがある。

**中　アオハダの果実**　モチノキ科の植物で雄株と雌株に分かれているため、果実を付けるのは雌株だけ、しかも毎年実るとは限らない。クマの好物の一つで樹の上にクマ棚ができていることもあり、またクマの糞が本種の種子だらけということもある。少し甘みがあるが苦味も強く、クマが好むことが不思議なほどまずい。

**下　クマの足跡**　秋に十分な餌を食べたクマは、根雪になる頃には冬眠に入るのが普通だが、満足に食べられなかったクマは、雪深い中でも餌を求めて歩き回るようだ。50cmを超える雪の中で足跡を発見することがあり、見つかるかわからない餌を求めて彷徨っている姿を想像すると、本当にかわいそうになる。

**上　トチノキの果実**　トチノキは、豊凶差はあっても毎年どれかの樹には果実が付いているように思う。しかしサポニンという物質が含まれているので猛烈に苦い。トチ餅などに利用されるが、その苦味を抜くためには大変な労力が必要なようだ。ところがこの果実をシカやイノシシが平気（そうな顔）で食べているのには驚く。

**中　クマ棚**　ドングリ類やヤマボウシ、アオハダ、ミズキなどの果実を食べるために、クマはその樹に登ることが多い。果実のたくさん付いた枝を折って果実を食べた後、枝だけをお尻の下に敷くといわれる。樹が太くて登れない子グマがいると、母クマは果実の付いた枝を噛み切って落とすこともあるようだ。

**下　クリの食べかす**　クマ棚のあるクリの樹の下には、歯形の残ったクリの食べかすや、割ったらしいイガがよく落ちている。これを見ると、痛いイガをどのように割っているのか気になる。クマは一種類のものだけを選択して食べる傾向かあるため、クリばかりを食べたのだろうマロンケーキ状の白い糞を見たことがある。

**上　ソヨゴの果実**　とにかく苦くてまずく、今まで食べた果実の中では最悪級だ。鳥が食べるようだが、雪が降るようになってもなかなか食べられないため、ほとんどの果実が樹に付いたまま残る。葉もたいへん苦くてシカも食べていないようだ。葉の苦味は理解できるが、果実をそこまで苦くさせる理由が分からない。

**中　ミズナラの果実**　ドングリの中では大きい方で、コナラの2倍以上の大きさはあるだろう。日本に自生するナラ・カシの仲間ではタンニンの含有量が最も多いらしく、齧るとかなり苦い。これを食べる動物はタンニンによる内臓障害を防ぐため、食べる量を徐々に増やしながらタンニンに慣らすらしい。

**下　チョッキリに切り落とされたドングリ**　未熟なドングリに穴を空けて産卵し、その穴を埋めて葉を数枚付けて枝を切り落とす。葉を付けるのは、落ち葉の下に入って土壌の菌に冒されないようにするため、切り落とすのは、産卵後他の昆虫が新たに産卵しないようにするためあるいはクマなどに食べられないようにするためだと私は思っている。

コナラ、ミズキ、ヤマボウシ、アオハダでも見たことがあり、いずれも樹皮には爪痕が残っていた。

クリは豊凶の差があまりないため、芦生にあっては冬眠前のクマにとって最も重要な食べ物の一つである。しかしミズナラやアオハダ、ヤマボウシなどは豊凶の差が激しく、たまたまそれらの凶作が重なった場合は、森の中だけでは食べ物が足らず、やむを得ず食べ物を求めて里へ下ることが多くなってくるのだろう。里の人がクマに襲われる例が多いのはこのような条件の時であるが、里でも満足に食べ物を得られなかった場合はなかなか冬眠ができないのだろう、五〇センチメートル以上も雪の積もった真冬にクマの足跡を見ることがある、そのような年は本当に可哀そうだ。

一方、種子の散布を動物に頼らない植物も多い。高木になる木は高い位置から種子を飛ばすことができるので、羽根や翼のあるものが多く、様々な大きさの多様な形をした種子がある。カツラはバナナのような果実から小さく薄い翼の着いた種子が飛び出す、サワグルミは鎖状に連なって長く垂れた果実を付けるが、果実にある翼は分厚くてあまり遠くへは飛ばないようだ（しかし水に浮くため、増水したときに水に流れて種子が散布されるようである）。一方低木や草本類は種子を飛ばす位置が低いために、下を向いた花でも果実は上を向き、風が強いときだけてっぺんに空いた穴から種子が飛び出すような仕掛けになっているものが少なからずあるが、その中でもウバユリなどの種子にはさらに薄い翼も付いていて、なかなか手が込んでいる。

一〇月からはシカの発情期に入る。奈良公園では発情期のオスシカは危険だということで毎年角切りが行われるが、芦生ではそのようなことがないので、立派な角を生やし、黒々とした逞しい体格をしたオスシカに出会うことがある。人間が見ても勇壮な姿に見えるが、どうも黒々としているのは自らの尿と泥を混ぜ合わせて体に塗りたくっているのだということで、この時期の森の中はシカのお

**上　ハウチワカエデ**　芦生に自生するカエデの中で、紅葉するものとしては最も葉が大きくそのため豪快な紅葉が見られる。落ちて間もない葉であれば、持ち帰って皿の代わりに使うと、そこはもう高級料亭に早変わりする。切れ込みが浅いために料理を載せるにはちょうどいい形をしているのだ。

**下　コハウチワカエデ・シロモジ**　里山で普通に見られるイロハモミジは芦生にはなく（あってもわずかだと思う）、それに対応するのはコハウチワカエデだろうか。このカエデは川沿いから尾根の上まで広範囲に自生するので個体数も多い。一方シロモジの黄葉は透き通るように美しいが、芦生では自生地が限られている。

**上　シカの暴れた痕**　シカの発情期は9月の終わり頃から始まる。この頃から森の中では今までになかった現象が見られるようになる。地面を掘った跡や、シダなどが茂った草原状の場所が、まるで相撲を取ったように円く荒れていることなど。これらはオスシカの仕業であり、希少な植物が荒らされていることもある。

**下　カエデの葉**　芦生には12種類（+1変種）のカエデがあり、葉の形や大きさ、花の咲かせ方から紅葉の仕方まで様々だ。共通しているのは、2個の果実がくっ付いてプロペラのような形をしていること。落葉の季節に森を歩くとそれらの葉が落ちている、珍しいカエデを見つけたのもそんな季節だ。

**上　サワグルミの果実**　クルミの仲間であり、名前にもクルミが付いているが果実は食べられない。長く垂れて「珠のれん」のようになってたくさんの果実を付け、それぞれに翼が付いているが、果実に比べて小さいためにそれほど役にはたたないと思われる。しかし水には浮くので流されて種子散布もされるようだ。

**下　ウバユリの果実**　ユリの花は斜め下を向いて咲くものが多いが、果実は上を向き、熟すと上部が裂けて解放部から翼のついた種子が飛び出す仕組みになっている。裂け目から種子がこぼれ落ちないように繊細な柵のようなものが付いていて、これを間近で見るとその精巧な構造美に感動してしまう。

しっこの臭いが充満している。また、地面を脚で掘って暴れた痕が随所で見られるのもこの頃で、いったい何のためにするのかよく分からないが、メスシカと交尾できないオスシカの欲求不満解消の行動ではないかと思ったりしている。

　また森の中では、ラッティングコールと言ってオスシカの雄叫びが時々聞かれるようになってくる。メスシカを呼んでいるとか縄張りを宣言しているというようにいわれ、警戒音と違って哀愁感のある魅力的な鳴き声である。百人一首に歌われている「奥山に　紅葉踏みわけ　鳴く鹿の　声きく時ぞ　秋は悲しき（猿《さる》丸大夫《まるだゆう》）」という句にある「鳴く鹿の声」というのが、ラッティングコールであると思われ、シカの声を聞くたびにいつもこの句を思い出す。

一〇月後半になると森は色付き始め、山の上では早くも落葉が始まる。コウヨウにも紅葉と黄葉の二つの漢字があてはめられているように、赤く色づく葉と黄色く色づく葉がある。葉が赤くなる樹木はほとんどが中・低木で高木には少ないようだ、カエデ類でもハウチワカエデやコハウチワカエデ、ウリハダカエデ、コミネカエデなどは赤く色づくが、イタヤカエデやチドリノキは黄色くなるだけである。赤くなるのは、葉の中の糖分がアントシアンという赤色の色素に変化するからだとされており、カエデ類以外ではシラキ、マルバマンサク、ヤマボウシなどがあるが、中でもナンキンハゼと近い関係にあるシラキは、ナンキンハゼ同様色付き始めるのが早い。

黄色くなるのは、緑色の色素であるクロロフィルが分解され、元々持っている黄色い色素のカロチノイドが現れてくるためとされ、タカノツメやシロモジなどが特に鮮やかな黄色で目立つ。紅葉（黄葉）するとともに落葉も始まる。この季節に森を歩いていると足元を見ているだけでも様々な樹木の葉が落ちているので楽しい。コシアブラやトチノキなどの掌状に分かれた葉（掌状複葉《しょうじょうふくよう》）やサワグルミやオニグルミのように羽根状に分かれた葉（羽状複葉）では、全体がそのまま落ちていると何の樹の葉かがよく分かるが、構成する一枚一枚（小葉）に分解して落ちているとすぐには名前が思いつかない。

落ち葉から木の名を当てるのはクイズのようなものであり、歩きながらひとりでやってもいいし、複数の人と一緒にすればゲームにもなって楽しむこともできる。落ち葉のなかには独特の香りを発するものもある。カツラやタカノツメからはムッとするほど濃厚な甘い香りが漂う、これはマルトールという糖で砂糖を少し焦がしたような匂いに似ている。あまりにおいしそうな匂いなので舐めみたくなるが、舐めても全く甘くはない。この糖分を作るためにはそれなりのコストをかけているはずであるが、何のためにわざわざそのようなことをしているのかは、まだよく分からないようである。カツラの葉を持ち帰って庭に置いておいたところ、一晩でなくなってしまった。ダンゴムシが食べてしまったらしく、その周辺にダンゴムシが集まっていた（ダンゴムシは外来種なので芦生にはいない）。そんなところに甘く匂わせる理由のヒントがあるのではないかと思う。

　一方不快な臭いを出すものもある、チドリノキからは農薬のような薬品臭がする。森を歩いていてこの臭いがするとすぐにチドリノキがあるのだと気付くほどはっきりとしているから、臭いの強さとしては強い方ではないだろうか。しかしこれも何のためにこんな臭いをさせるのかは分からないようだ。

　紅くなるのは樹木だけに限らない、オオイワカガミやイワウチワの葉も紅く変色して冬を越す。しかしこれらの葉は、紅葉する樹木と違って常緑であり、紫外線から葉の組織を守るために紅くなってくるのだと思われる。自生地を覆う樹木が落葉すると、直接日光が当たって紫外線を受けることになってしまうためで、試しに紅く

**上　チドリノキの黄葉**　谷の中に多いチドリノキは、カエデの仲間であるが黄葉はしても紅く色付くことはない。しかしなかなか葉を落とさないために、最後まで谷の中を明るくしている。ところが地上に落ちた葉からは薬品のような不快な臭いがして、チドリノキの多い場所を歩いていると気分が悪くなってくる。

**上　シラキの紅葉**　シラキは樹皮が白いので葉がなくてもそれらしいと分かるが、森のなかでは目立たない存在だ。しかし真っ先に紅葉し、しかも透き通るような鮮やかさで秋には目立つ存在に変わる。茎や葉を傷つけると白い乳液が出るのはトウダイグサ科の特徴、3個に分かれた果実は茶の果実に似ている。

**下　オオイワカガミの紅葉**　夏の間は樹の陰で過ごしているため直接太陽の光を浴びることが少ないが、木陰がなくなる晩秋以降は太陽光に晒されることが多くなる。そのため常緑のオオイワカガミやイワウチワは、紫外線から葉の組織を守る必要があるのだろう、陽の当たる部分だけが紅くなってくる。

**下　タカノツメとカツラの甘い匂い**　どちらの葉も地上に落ちると、砂糖を少し焦がしたような甘い匂いを発するようになる。匂いのもとはマルトールという物質だそうで、強く匂う葉がたくさん落ちていると、息苦しくなるほどだ。甘ったるい匂いがあまりにもおいしそうだったため舐めたことがあったが、全く甘味はなかった。

なった葉をめくってその下に隠れている葉を見るといい、きっと緑色をしたままだと思う。
秋はキノコの季節でもある、九月中は樹木と共生するキノコ（外生菌根菌《がいせいきんこんきん》）が多く、地上に点々とあるいは列を作って発生している。テングタケ、ベニタケ、イグチ、フウセンタケなどの仲間たちで、テングタケの仲間にはコテングタケモドキ、シロオニタケ、タマシロオニタケなどの大型のキノコが多く、ベニタケの仲間にはドクベニタケ、カワリハツ、クサハツなどの中型のキノコのほかカブトムシの匂いのするニオイコベニタケというキノコもある。イグチの仲間も大型のものが多くホオベニシロアシイグチ、ウツロイイグチのほか超大型で派手な色彩のアカヤマドリというキノコがあり、フウセンタケの仲間やイッポンシメジの仲間にはショウゲンジ、ムラサキフウセンタケモドキ、ウラベニホテイシメジなどの食用になるキノコも見られる。

秋が深まってくると外生菌根菌は少なくなり、代わって倒木や落枝、落ち葉などに生えるキノコ（腐朽菌）が主になってくる、この仲間は多彩であるが栽培の容易なものもあり、市場で栽培品として出回っているキノコも多い。シイタケ、ブナシメジ、ナメコ、ヒラタケ、エノキタケなどで、森の中でも時々これらに出会うことがある。しかし食用にならなくても色彩の美しいものや形の面白いキノコも多く、これらは見るだけでも楽しむことができる。暗いところで見ると仄かに光るツキヨタケ、細長い紅色をしたベニナギナタタケ、小さな球状で一部赤くなったクチベニタケ、傷つけるとエンジ色の液が染み出すチシオタケ、無数と思えるほどたくさんの小さなキノコの集団イヌセンボンタケ、花弁状のハナビラニカワタケ、白い髭のようなヤマブシタケ、悪臭の極みサンコタケ、鱒のような色をしたマスタケ（アイカワタケ）、小さく黄色い画びょうの集団・ビョウタケ、朽木を緑青色に染めるロクショウグサレキンモドキ、器に入った豆のようなツネノチャダイゴケなど、大型から超小型ま

ハナビラニカワタケ

ナメコ

ホオベニシロアシイグチ

コテングタケモドキ

ヤマブシタケ

ヒラタケ

ウツロイイグチ

シロオニタケ

サンコタケ

エノキタケ

アカヤマドリ

タマシロオニタケ

マスタケ(アイカワタケ)

ツキヨタケ

ショウゲンジ

ドクベニタケ

ビョウタケ

ベニナギナタタケ
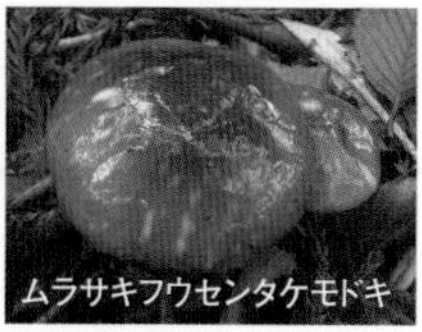
ムラサキフウセンタケモドキ

カワリハツ
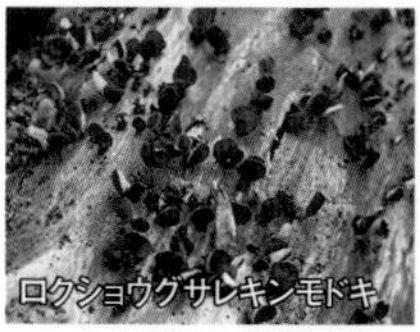
ロクショウグサレキンモドキ

クチベニタケ

ウラベニホテイシメジ

クサハツ
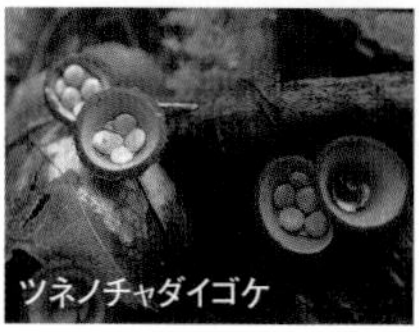
ツネノチャダイゴケ

イヌセンボンタケ
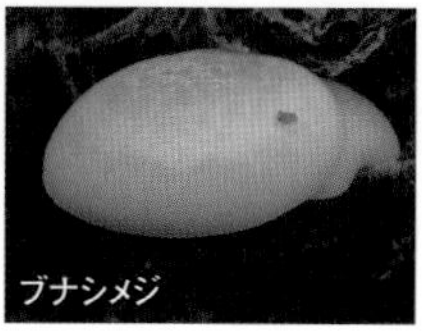
ブナシメジ

ニオイコベニタケ

**上　トチノキの冬芽**　トチノキの冬芽はとても大きいが数は少ない。これは一つの冬芽の中に、葉の赤ちゃんをたくさん仕舞っていることの表れであり、何かの原因で冬芽が傷つくと大きなダメージを受けることになる。そこで昆虫などに食べられないよう、蝿取り紙のようにベタベタの粘液で覆っているのではないだろうか。

**中　ホオノキの冬芽**　ホオノキの冬芽は大きいが、花は夏まで咲かないため冬芽段階では花芽はできていないようだ。そのため冬芽は全て同じ大きさの葉芽だけだ。しかし大きな冬芽を少しだけしか作らないということは、万一冬芽が食べられるとダメージが大きいため、何らかの対策をしていると思うのだが。

**下、タムシバの冬芽**　タムシバの冬芽は、葉になる葉芽と花になる花芽に別れていて、葉芽は特別な形状をしていることはないが、花芽はモクレンの花芽のように毛皮のコートをまとっている。花芽は夏の終わりにはすっかり出来上がっているが、葉が出るよりも先に大きな花を咲かせるため花芽も大きいのだろう。

**上　クサギの冬芽**　暗い紫色がかったもこもこの冬芽とU字形の葉痕（葉が落ちた痕）が特徴で、これだけでクサギだと分かるほど。明るい場所には幼木がたくさん育っているが、少し伸びてくるとシカがこの枝を折って食べてしまうため、花を咲かすことができるほど大きくなるものは少ない。

**中　オニグルミの冬芽**　葉痕（葉が落ちた痕）がまるで羊の顔のように見える。冬芽愛好者の世界ではこの愛らしい姿は有名で、このユニークな表情から冬芽に興味を持たれた方も多いと思われる。私も当初はそうであったが、その後シカの調査のために覚えざるを得なくなってしまった。

**下　リョウブの冬芽**　リョウブの冬芽をジックリと見ると、冬芽の先端に半開きの傘のようなものが付いていて、矢印のようなシルエットをしている。これは芽鱗であって半分だけ取れており、こんな中途半端な状態が冬の終わりまで続くようだ。このような中途半端な状態であることの有利さがまったく分からない。

**上　傷ついたアトリ**　秋が深まってくると冬鳥が渡ってくる、そのなかには芦生でしばらく休んで渡りの疲れを癒し、その後最終の越冬地へ移動するものがいる。アトリも群で渡ってきてシデやブナなどの果実を食べ、豊作年にはしばらく森の中で滞在する。しかし無事に最終越冬地までたどり着けないものもいるのだ。

**中　オオカメノキの冬芽**　この冬芽は可愛いことで有名であり、一度出会うと忘れられなくなる。大きな丸い芽は花芽(かが)で顔のように見え、小さな二つの芽は葉芽(ようが)で万歳をしているように見え、二つ一緒に見ると全体でウルトラマンのようだ。葉芽には芽鱗(がりん)がなく裸芽(らが)といわれ、星状毛が密生して葉脈もはっきり見える。

**下　チドリノキの冬芽**　カエデの冬芽には大きく2種類あり、枝の先端に同じ大きさの芽が二つあるのものと、大きな芽が一つだけあるものである。本種は前者で、先端に二つの芽が並ぶ(1個のものもあるようだ)。芽鱗の縁の色が淡くなっていて、グラデーションのように見えるのが特徴でなかなか美しい。

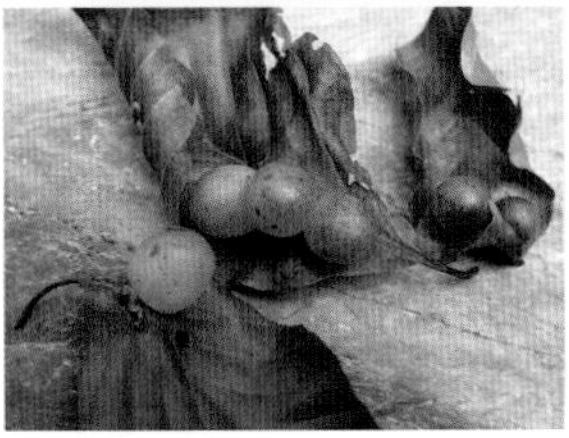

**上　ブナの落ち葉**　落ち葉の中には、乾燥するとクルリと巻いてしまうものが少なくないが、その中でもブナは葉が厚くてしっかりしており、ボリューム感がある。そんなブナの葉が吹き集められた場所では、膝くらいの深さまで落ち葉が溜まっていることがあり、そこに足を踏み入れると童心に帰った気分になる。

**下　ブナの葉の虫こぶ**　ブナの葉には色々な虫こぶができるが、この虫こぶもよく見かける。もう少し小型のブナハマルタマフシという虫こぶに近い種だろうか。虫こぶは、外敵から護るためと自らの餌とするために、植物に刺激を与えて作らせるそうだが、この虫こぶはマスカットのような味がしておいしい。

**上　マルバマンサクの冬芽**　立ち上がっているのが葉芽で、丸くてうなだれているように見えるのが花芽。一般に葉芽と花芽に別れているものは、早春に、開葉に先立ち又は同時に花を咲かせるようだ。マンサクにはマンサクメイボフシという虫こぶがよく付き、冬でも残っているため、虫こぶを見ただけでも樹種が分かる。円内は虫こぶ。

**下　流れに寄せられた落葉**　このような光景を見ると、百人一首の中の「山川に風のかけたるしがらみは　流れもあへぬ紅葉なりけり（春道列樹　はるみちのつらき）」という一句を思い浮かべてしまう。ただ紅葉しない葉が多いために「紅葉」とは言いかねる。また時間が経つと水を吸って沈む運命にあるはかない光景だ。

で大きさも様々だ。腐朽菌は森林の中ではとても重要な働きをしている。「ものが腐る」というのは人間にとっては困ったことであるが、腐らなければなくならない。落ち葉も倒木もすべてが残ったままの状態を想像すれば分かるように、森の中を歩くことさえできなくなってしまう。だから腐敗して消えてしまうことは自然の中ではとても重要なことになる。そういう目で文明の発達した現在人間社会を見回すと、腐敗し難いものを大量に生産してきたためにあふれかえった廃棄物に圧倒されようとしている現実がある。腐敗することは困ったことかもしれないが、腐敗しないことはそれ以上に困ったことである。

晩秋から初冬にかけての森は、人気が消えとても静かで安らかだ。小春日和と言われるような日に森を歩くと、カサカサと落ち葉を蹴散らす乾いた音だけが静寂な森のなかに流れていく。時々出会う野鳥の群れのざわめきが、森の眠っていないことのあかしなのだろう、彼等が通りすぎるまでのささやかな時間が、一人でいることの孤独感から解き放してくれる。また渡り鳥が立ち寄るのもこの頃である。森を歩いていると突然地上から数百羽のアトリが飛び立ち、ジェット機が通り過ぎたのではないかと思うほどの羽音を残して飛び立ち驚かされることがある。ブナやシデ類の果実が豊作な年はしばらくこの森で滞在するのだろう、何度もそのような場面に出合った。またこの頃は冬芽の観察に絶好の季節になる。少しだけ葉が残っていると、葉を見て木の種類が分かるからであり、完全に葉が落ちてしまうと冬芽の姿を見慣れていないと種類を特定するのは難しくなる。この季節に冬芽の姿を覚えておくと、その年の冬はきっと今までとは比べ物にならないほど充実した山歩きを楽しむことができると思う。葉が無くなってもヒントは冬芽だけではない。樹皮の様子や冬芽が対生しているか互生しているかの違いは重要なヒントになり、またリョウブやナツツバキ、トチノキなどは樹皮だけでも分かる。冬芽を覚えるには特徴のあるものから覚えるといい。オオカメノキ、チドリノキ、クサギ、オニグルミ、リョウブ、トチノキ、ホオノキやタムシバ、マルバマンサクなどの冬芽はとても分かりやすい。やがて雪が降り白い世界に閉ざされるまでの僅かな期間が、一年のなかで最も好きな時の一つである。

秋の由良川支流

秋の由良川支流

## 冬の森

雪が積もるようになるのは一二月に入ってから、例年だと根雪は一二月の下旬で正月頃には里でも五〇センチメートル近い積雪になる。ところが最近は暖冬の影響だろう、雪のない正月が多くなり真冬でも雨が度々降るようになってきた。このような冬が繰り返されるときっといつか、何か大変なことが起こってくるに違いない。

さて、例年の話に戻ろう、積雪が増えていくとだんだんと低木類が雪の下に隠され森の中が真っ白くなってくる。「真綿を敷き詰めたような」という表現そのもので、森全体が柔らかく優しく見えてくる。このようになってくると森の中を歩くのがとても楽しくなる。真っ白い森の中に一歩一歩ゆっくりと足を踏み入れていく。誰もいない世界にただ一人いることを実感できる快感は格別のものであるが、それ以外にも楽しみはたくさんある。

雪の上には動物たちの行動の痕跡が残っており、それを見ていると今さっきまでここで動物たちが動きまわっていたかのような錯覚に陥ってしまう。シカは勿論のこと、イノシシ、キツネ、タヌキ、テン、ウサギ、ネズミ、リス、ヤマドリなどの特徴のある足跡が残っており、夏には存在すら感じさせないのとは対照的だ。その他にも、ヤマドリ

降雪後の朝

冬の由良川中流

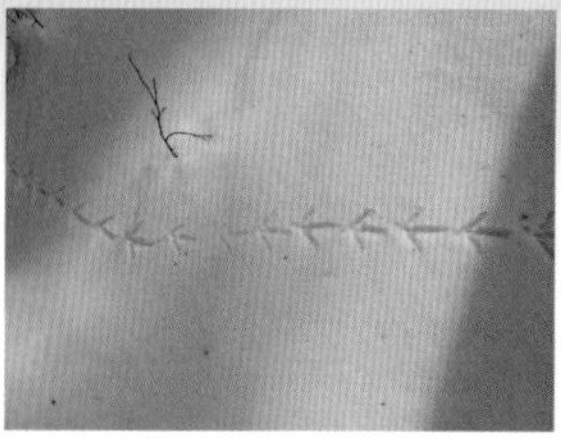

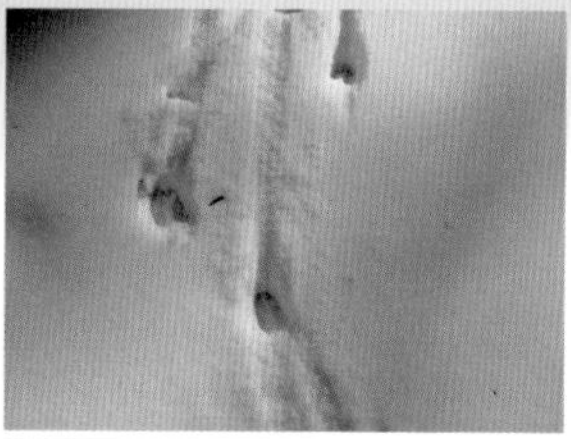
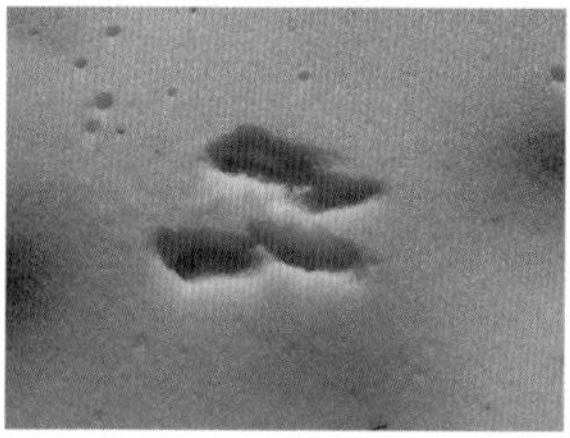
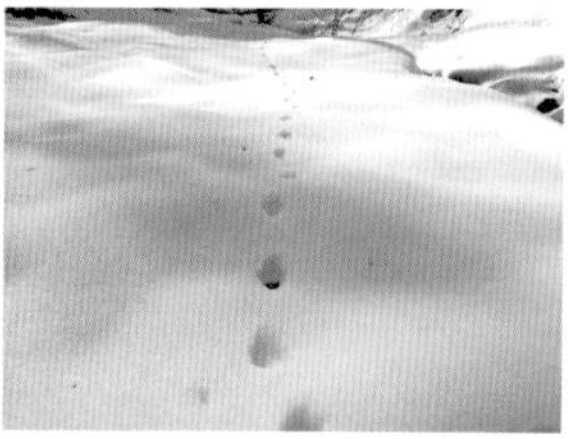

右上　母子2頭のシカの足跡
右下　キツネの足跡
中上　ウサギとテンの足跡
中下　リスの足跡
左上　ヤマドリの足跡

の食事痕も楽しい。しかし時には動物たちの姿を見ることがある（藪が隠れて見通しがいいのも原因だと思う）。リスにはたびたび出会うし樹洞で休んでいたキツネが慌てて飛び出し、ゆっくり歩けば沈まないものを急いで逃げようとするものだから、飛び跳ねて着地するたびに脚が雪の中に沈むのでかえってなかなか逃げられない場面に出合ったこともある。またある時はテンが一〇メートルほど離れたところをピョンピョン跳ねていたのであるが、何を思ったか急にこちらに向かって跳んできて私の両足の間を抜けていったこともあった。芦生ではなく北海道の山でのことであるが、雪の森を歩いていると突然フクロウがぶつかってきたものだからこちらもびっくりしたが、フクロウもその場でひっくり返ってバタバタしていたということもあった。

小鳥たちにはよく出会う。小鳥たちは冬の間は集団で暮らすことが多く、移動するのも一緒で、多い時には五〇羽くらいの群れが次から次へと頭上の枝を渡っていく。ヤマガラやシジュウカラ、ヒガラなどのカラ類とコゲラが混群を作っているのが普通だ。そんな集団が通りかかると、彼らが通り過ぎていくまで五分でも一〇分でもじっと眺めている。それはとても幸せな時間である。また彼らが通り過ぎたであろう場所を通ると、雪の上に冬芽の食

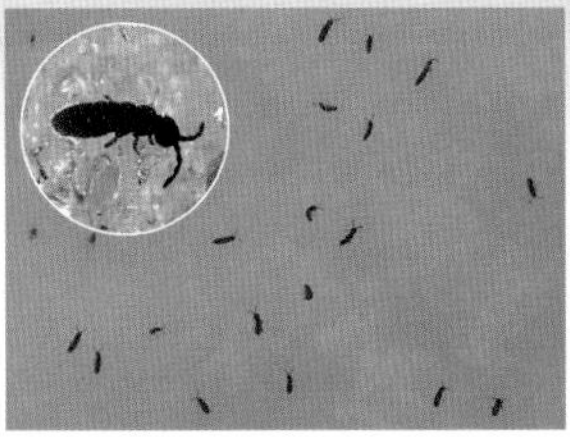

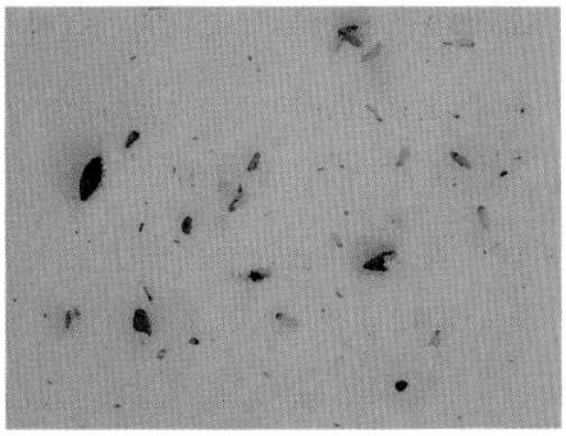

**上　ツルアジサイとイワガラミ**　2種の果実を並べてみると、装飾花の数の違いがはっきりしている。果実は冬まで樹から離れないが、根雪になる頃には離れて風に飛ばされ、雪上を転がって最後まで残った種子を撒くようだ。特にツルアジサイは輪のような形状をしているため、強い風の日に雪面を転がっていくのをよく見かける。

**下　ミズメの果苞や種子**　雪の上には様々なものが落ちていて、雨上がりなどに下を見て歩くと様々な出合いや発見があって楽しい。ミズメの果実には豊凶があり、豊作年の冬にはミズメの果実（果苞）の破片や種子が一面に落ちている。小さいものなのでゴミのように見えるが、一つ一つが果実を作っているパーツなのだ。

**上　トビムシ**　漫然と雪の上を見ている程度では発見できないが、しゃがみ込んでじっと見ているとなにやら微小なものが動いているのに気付くことだろう。時々体長の数十倍も跳ぶのを見ることがある。キノコの傘の裏側や雪の上など、背景が白い場所にいるような場合でない限り発見は困難だと思う。

**下　セッケイカワゲラ**　雪の上を忙しく動きまわっているが、方向は一定していないようだ。生まれ故郷の川の上流を目指して歩いているのだといわれるが、尾根上で出会うことや、川下の方に歩いているものもよく見る。羽根が退化しているので歩くことしかできないようだが、冬季は天敵が少ないので大丈夫なのだろう。

**上　ヤマドリの食事痕**　根雪になると動物たちは餌を探して雪の中を歩き回らなければならない。ヤマドリも夏には食べないユズリハの葉を頻繁に食べるようになり、至る所で食べた痕が見られる。歯がないため嘴で挟んでちぎるのだろう、葉がノコギリ状になっていて、他の動物が食べた痕との違いがはっきりとしている。

**下　野鳥の食べかす**　冬の森にはシジュウカラなどのカラ類が暮らしている。彼らは群れを作り毎日決まったルートで森の中を渡り、餌を探すらしい。餌にするもののなかには冬芽もあって、様々な樹の冬芽を食べる。雪の上にはそんな食べ滓が落ちているが、タムシバやウワミズザクラは食べ滓であってもいい香りがする。

べ滓がたくさん落ちていることがある。それを拾って匂ってみると、その冬芽が何であるかすぐに分かるものがある。タムシバは強いハーブの香りが、ウワミズザクラは桜餅の匂いであるクマリンの香りがする。それ等を口に入れてみると、春の香りが口中に広がる。

そんな小鳥たちの食べた痕を見ているといつも思うことがある。彼らは一年中この森で暮らしている、だから一年中絶えることなく餌が必要なのだ。そして彼らは、春から夏にかけてはガの幼虫などのイモムシ類を食べて害虫を退治してくれる、植物にとってとても重要な友人達なのだ。だから冬の間も生きていけるように必要以上の冬芽を作り、彼らに餌として与えているのではないだろ

**上　雪庇、下　雪庇が崩れていく**
風の強く当たるような稜線の風下側には、雪が庇のように張り出した雪庇がよくできる。庇状なのでその下は空間になっているため、知らずに乗って踏み抜いたり崩れたりすることがあるので気をつけなければならない。以前雪庇の上に乗って写真を撮り戻った途端、今まで乗っていた雪庇がドンという音を残して崩れ落ちていったということがあった。乗っていた時に崩れたとしたら崩れる雪に巻き込まれて間違いなく死んでいただろう、それ以来雪庇の上を通る時は慎重になっている。ただ、吹き溜まりが少し発達した程度の雪庇や、でき始めの小規模な雪庇の下は雪洞を掘る適地になる。

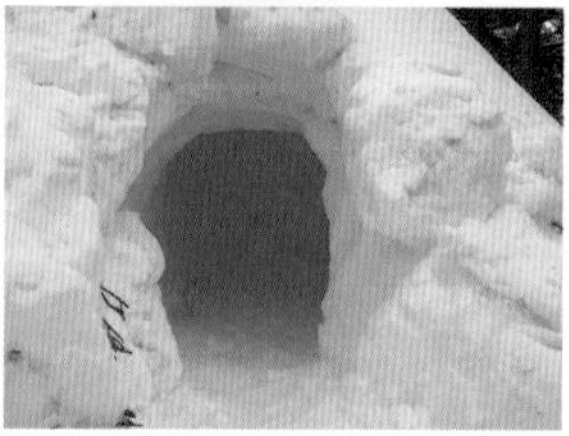

**上　垂れ下がるエゾユズリハの葉**
常緑の植物であっても、背の低いものは雪の下に入ることにより寒さと乾燥から護られるが、背の高い植物はそれができない。そこで葉の水分を茎の方に移動させて細胞内の糖度を高め、凍結を防いでいるようだ。エゾユズリハの他にはヤマグルマ、ホンシャクナゲ、ソヨゴなどでそんな姿を見る。

**中　母と子のシカの死体**　真冬にはまだ体力が残っていたシカも、雪が解け始める頃になると体力の蓄えもなくなり、植物の芽吹きを待てないシカは死んでいく。母子で死んでいる場面によく出合うが、これは子育てには負担がかかることと、母が先に死んでしまうと子ジカは母ジカの傍を離れないためだろうか、胸が痛む。

**下　雪洞**　芦生では、最大3mの積雪があり、こんなときには吹き溜まりなどに雪洞を掘って泊まることができる。雪洞の中は0℃程度なので暖かくしかも静かであり、外が吹雪いていても朝まで気が付かないことがある。最近は雪が少なく、降ってもすぐに雨が降ってザラメ雪になり雪洞が掘れなくなった。

**上　シデ4兄弟**　芦生にはシデの仲間が4種類自生している。秋が深まり落葉と共に葉がなくなってきても果実（果苞）が残り、これを野鳥がよく食べる。根雪になる頃には果苞がバラバラになって落ちてその破片が雪の上に散らばっているが、それでもシデごとに形が違うので慣れると見分けられるようになる。

**中　ヤドリギの果実、下　ヤドリギの種子が入った野鳥の糞**　ヤドリギは半寄生と言われ、自身でも光合成をするが、寄生する樹からも栄養分を掠め取っている。果実は甘くて食べられるがその後が厄介だ、種子に付いた繊維状のものが舌にまとわりついて離れない。仕方がないので最後は指で摘まんで取らなければならない。それほど強力な接着力があるため、果実を食べた鳥の糞が樹の枝などに落とされると、しっかりと張り付きやがては根を下ろす。大木の多い芦生では個体数が多く、夏場は樹木の葉が茂ってあまり気がつかないが、葉が落ちるとこんなにあるのかと驚くほどだ。ブナ、ミズナラ、クリ、シデ類、ナナカマド、トチノキなど着生母樹は多い。

うかと。

深い雪に喘ぎながらゆっくりと、下を向いて歩いていると、小さな虫が雪の上で蠢いているのを発見することがある。まさか雪の上には小さな生きものはいないだろうと思っていたが、雪の上にある落ち葉を剝がしてみるとその下には小さな小さなトビムシがウジャウジャいることがある。また、生まれ故郷の川上に向かって歩いているのだというセッケイカワゲラにもよく出会う。しかしこんな小さな虫たちが、雪の上でも凍らずに動き回れるとは本当に不思議だ。

雨が降った後や暖かい日が続くと、雪の上にはいろいろな落し物が見つかる。ツルアジサイの枯れた花、ミズメの果苞《かほう》や種子、ヤドリギの果実を食べた野鳥の糞など、それらを見ながら雪の上を歩いていると多少のラッセルも辛くない。冬の山は寒くて怖いと思われるようだが、歩いているときは暑いくらいだし、様々な生きものたちやその生きていることのあかしとの出合いもあって、一人で歩いていても孤独になることはない。

冷温帯の森に生育する樹木のほとんどは落葉するが、スギやヒノキなどの針葉樹の他にも少なからぬ常緑の樹木が暮らしている。そしてそれらの常緑の樹木はどのようにして低温と多雪の冬をやり過ごしているのだろうか。低木のヒメアオキやヒメモチ、クロソヨゴなどは雪の下に隠れることによって乾燥や低温から葉を守っている。しかし雪の上に葉が飛び出す中高木のエゾユズリハやヤマグルマ、ホンシャクナゲなどは、乾燥や低温に耐えるために特別な生理作用を備えている。冷え込んだ朝や風雪の強い日には葉を内側に丸め、だらりと垂れている姿をよく見る、これは葉の中の水分を枝の方に移動させ、葉の中の糖分を高めて凍りにくくしているらしい。

一二月から一月の日本海側は天気が悪く、太陽を見ることも少ないが、二月に入ると天気の良い日が増えてくる、そんな日は雪に跳ね返される陽の光が眩しく、目を細めなければならない。日当りのいい雪の上で食事を摂っていると、力を取り戻してきた陽がポカポカと温かくて眠気を催すほどで、すぐそこまで春が近づいてきたのだと知らされる。まだまだ雪の降る日はあるものの、長続きすることはなく、新しく積もった雪も数日のうちに融けてしまって増えることはない。一度でも春の訪れの近いことを知った生きものたちは、「もう辛い冬は終わりなのだ」と、生き延びたことを歓び、希望を蘇らせるに違いない。ただ、シカはそのようなわけにはいかない、植物の芽が伸びて葉が開くまでは新しい餌にはありつくことができず、体力を使い尽くしたシカはその日を待たずに死んでしまう。

降雪後の朝のブナ

厳冬期の大カツラ

雪の櫃倉谷

## 2 芦生原生林の調査と現状

# 原生林との出合い、そして調査へ

早春の由良川上流

## 芦生原生林との出合い

芦生との出合いは一五歳頃まで遡る、渡辺弘之京都大学名誉教授の著書『京都の秘境・芦生』（ナカニシヤ出版）との出合いである。その当時は奈良県に住んでおり、一五歳の少年にとって芦生は簡単に行けるような場所ではなかった、何度も読み返して「原生林」「連続する十数か所の滝」「ニッコウキスゲ」という言葉に惹きつけられた、しかしいつまでも憧れのままで訪れる機会もなく、やがては思い出すことすらなくなっていた。

芦生へ初めて足を踏み入れたのはそれから五年くらい経ってからだったと思うが、そのころの記憶が曖昧で、時期と場所がはっきりしない。しかし「京都の秘境・芦生」に、「連続する十数か所の滝」と謳われていた中ノツボに入ったときの記憶は鮮明だ。実際険しい谷であったが、上流は急に穏やかになる。ところがその穏やかになった辺りから、突然伐採現場に入り込み、切り倒されて重なるように谷を埋める大径木のブナのために、前進することさえ不可能になってしまった（現在は、遭難防止・自然保護のため、中ノツボを含め一般人の入林は禁止されており、一部のルートのみ入林が許可されている。詳細は芦生研究林のホームページを参照）。

この当時はまだ全国で天然林の伐採が続けられていたが、伐採コストの上昇と木材価格の下落のために伐っても伐っても赤字となり、赤字を埋めるためにさらに伐るという悪循環に陥って、猛烈な勢いで伐採が行われていた時期であったようだ。やがてはこのような林業経営は成り立たないこと、自然保護への世論の高まりなどのために、天然林の伐採は急速に減少していくのであるが、私が訪れた頃の芦生は、最後の大規模伐採期に当たるのではないだろうか。それにしても今考えると本当にもったいないことである、中ノツボの上流は緩やかでかつ広大であり、もしもここにブナの天然林が残っているとしたら、上谷に匹敵する素晴らしい森が現存することになったであろう。

その後数年間は関西を離れていることが多く、芦生に行く機会がなかったが、一九八五年頃に関西に戻り一九九〇年頃からは年に二〜三回は芦生に入るようになった。その頃は沢沿いの平坦地には大型のシダや草本類が生い茂り、尾根上にはチシマザサが濃密な藪を作っていた。そんな藪に出遭った時には途方に暮れてしまう、どれくらい歩くと藪が終わるのかということが分かっておれば、それに耐えて歩くこともできるが、どこまで続くか分からない状態では、一五分も歩けばすっかり気力を失い、藪のない谷に下って流れの中を歩くことになる。そんなことがあり尾根のルートはあまり歩かなかった。

## 芦生原生林に通うようになる

芦生に頻繁に通うようになったのは二〇〇二年からであり、その当時は入林届を出すだけで入林が認められていた時代であった。それと同時にインターネット上に芦生の紀行文を投稿するようになると、それを閲覧した方と芦生の森の中で出会うという機会が生まれ、やがては誘い合って一緒に歩くこともあった。そのなかには現在も保全活動を一緒に行っている方もある。しかし基本は一人で歩くことであり、目的は行ったことのない谷や尾根がなくなるまで歩くことであった。

その頃には尾根上のササ藪もところどころに残っている程度になって、いわゆるどこでも歩けるような状態に変わっていた。その変化は突然起こったのではないと思われるが、知らない間に徐々に進行し気が付けばササ藪が消えていたということだと思う（ササが枯れたことも原因の一つであるが）。そして以前には出会うことがほとんどなかったシカにも頻繁に出会うようになり、一日に数頭出会うのは普通で、時には一〇頭以上に及ぶこともあった。また谷を上り詰めると急な傾斜地となっていることが多く、そこを這い上がるのはかなり辛い。しかしシカの通る獣道が幾本もはっきりと付いており、それを繋ぎながら登るとそれほど苦労せずに稜線に達することができるようになっていたのはありがたかったが、その反面この状態を素直には喜べない複雑な思いをしていたものである。さらに

**チシマザサの藪**

30年ほど前にはチシマザサの藪が広く芦生の森を覆っていて、そんなササ藪に出会った時にはその通過に難渋を極めたものである。ところがその後時期を同じくして起こったササの一斉開花とシカの採食により、どんどんササが消えていくのであるが、それでも十数年前には所々にこのようなササ藪が残っていた。しかしササは回復することなく、最後まで残っていたササまでがシカに食べられて消えてしまい、今では崖などにわずかに残るだけとなった。あれだけあったササはもう回復することはないのだろうか、今となれば緑濃いササ藪が懐かしくすらある。

**枯れたチシマザサ**

様々な植物にシカの食べた痕（食痕）が見られるようになり、ほとんど出会えなくなる植物も増えてきた。

毎年同じ頃に同じ場所を訪ねると同じ花に出会える。それは山に登る人の多くが楽しみにしていることだと思うが、芦生では違っていた。年々花は少なくなってやがては花を付けない小さな個体だけになってしまう、目を皿にして探してやっと一輪だけ見つけて嬉しくなる。そんなことも原因の一つなのだろう、この森で知り合った人達に次第に出会わなくなってくる。先日久しぶりに出会った知人は言う、「今まであった場所からだんだん花がなくなっていく、毎年そんなことが繰り返されると、

**ナラ枯れ**

7月半ばくらいから枯れるミズナラが目立ち始め、森の中に赤くなった樹が点々と見えてくる。ナラ枯れが毎年のように繰り返し発生していた頃は、赤くなって枯れていく姿を見るのが辛かった。ナラ枯れで枯れたミズナラの根元には、おが屑状のフラスが堆積し、まるで樹が泣いているように見えた。枯れた樹の葉は冬になっても落ちない、死んでしまったために離層を作ることができないからだ。冬になっても褐色の葉をいっぱい付けているミズナラは、その年被害に遭ったのだと分かる。そんな現状に対し何とかできないものかとの思いで、樹幹にテープを巻いてみたがあまり効果はなかった。

**ナラ枯れのフラス**

悲しくなって芦生にはあまり来たくなくなってきた」と。芦生に来る目的の一つがお気に入りの花に出会うことであり、そのためには多少の苦労は厭わないつもりでいるのであるが、その目的がなくなってしまう、というよりも悲惨な光景を毎回発見しなければならないことは本当に辛いことだ。

ナラ枯れを初めて見たのは二〇〇二年の夏、一〇本程度のミズナラが集団で枯れているのに出合った。その時には分からなかったが、後にカシノナガキクイムシによりもたらされたナラ枯れであることを報道で知り、「被害が広がらなければいいのだが」と、その当時はそんな程度の心配をするだけであった。しかし翌年以降ナラ枯れの範囲は拡大し森のあちこちで見るようになってくる。夏がやって来ると赤くなって枯れたミズナラが目立ち始め、芦生に来るたびにその数は増えていく。枯れた木の根元には噴き出したフラス（細かいおがくず状のもので、カシノナガキクイムシの糞と木屑が混じったもの）が白く堆積し、まるで痛みに耐えて涙を流しているようにさえ見えた。

その中には、私たち現在を生きている人間が生まれるよりもはるかに昔からそこに立って生きている堂々たる樹もあり、その姿と対峙して私は言葉を失った。そして畏敬すら覚える樹が次々と枯れていくことを止めることもできない自分の無力さを嘆き、「何の力にもなれず許してください」と涙して謝ること以外できなかった。だからこの季節に芦生へ来るのが嫌だった。悲惨な姿を見続けなければならないこと、そしてそれを目の当たりにして自己嫌悪にさえ陥ってしまう、そんな森へ入ることが。

## 芦生と深く関わるようになった出合い

増えすぎたシカによる食害が全国的な問題になり始め、芦生でも消えていく植物の多さに何とかならないだろうかと思いながら、一人ではどうする事もできない現実にもどかしさと不甲斐なさを感じつつ、鬱々として森の中を歩き続けていた二〇〇六年秋のある日、設置後間もない大規模な防鹿柵に出合う。それを見たとき、まずその広大さに圧倒され、それと共にこれほどの柵を設置されたことに対する敬意と感謝の思いが湧いてくるのを感じた。おそらく、何もできなかったことへの後ろめたさを感じていた私に代わり、現実に保護行動をされていることへの感謝であったのだろう。そんな大規模柵に出合い、私にも何かできることがあれば手伝いたいと強く思った。

　二〇〇八年一二月、長治谷小屋前を通りかかると、ちょうどシカの頭数調査をされているところで、「三〇分ほど待ってください」と、森の中への立ち入りを止められる。調査が終わるまで待つ間にお話をさせていただくと、私がインターネット上に投稿している紀行文を読んでおられる学生さんがいるとのことで、どんな方が読んでくださっているのかと、調査が終わり帰ってこられるのを待つことにした。

　この時に出会った学生さんが、その後の私の人生をすっかり変えてしまうことになってしまう阪口さん（現京都大学助教）であった。まさに人生

**大規模シカ柵**　2006年の秋のこと、森の中を歩いていると設置後間もない大規模なシカ柵に出合った。「シカの被害から植物を護らなければ」との思いから、それを実践されている人達がいることを知って強く感動した。そしてこの柵との出合いが、私がその後芦生へ深く関わっていく入口になったようだ。

は偶然でできていると言ってもいい。その時には紀行文を読んでいただいていることのお礼を申しあげた程度の会話であったと思うが、それ以外に、二〇〇六年に設置された大規模防鹿柵について何か手伝いたい旨を伝えたところ、たまたま翌週ネット下ろしがあるのでどうぞと快諾いただき、とても嬉しく思ったことを覚えている。

　翌週早速シカ柵のネット下ろし作業に参加する。防鹿柵設置の中心的存在である高柳先生の車に乗せていただき芦生へ、天候もよく順調に作業がはかどった。道中または現地あるいは帰路のどこであったか思い出せないが、芦生中を歩き過ぎてもう行くところがなくなってしまい、次は何を目的に芦生の森を歩けばいいのか分からない、というようなお話をさせていただいたところ、阪口さんから、芦生の希少植物の分布調査をされては如何でしょうというご提案を頂く。

　芦生ではこれまで多くの方が植生調査をされ、自生種のリストはたくさん残されているが、シカの採食被害が激しくなっている現在においてもそれらの植物は残っているのか？残っているとしたらどこに？どれくらい？ということが誰にも分からない。そこでそれらを調べられたら如何でしょうというものであった。その提案にとても惹かれるものがあり、それからは希少植物の分布調査をするため芦生に入ることになった。

## 2 芦生原生林の調査と現状

# 希少植物の分布調査

由良川中流

二〇〇九年の春から希少植物の分布調査を始めることになり、阪口さんから一〇〇種ほどの候補を上げていただいた。しかし、とても多すぎてそんなに調査ができないと思われたので、その中から識別しやすくかつ今まで出会う機会の少ない三〇種余りを選ぶことにし、また京都府版のレッドデータブックの中からも、絶滅の可能性が高い種を選んで調査することにした。

さらに自生地の位置を地図上に記すだけではなく、正確な位置情報を記しかつ自生地の環境を記録するため、ＧＰＳ付きカメラを入手して調査することにした。地図のコピーを持ち、対象植物に出会った場所と種類及び個体数を記録する。これまでは歩くことだけに専念しておれば済んだが、これからは植物のありそうな場所を舐めるように見て探すという作業が必要になり、今までとは比較にならないほど時間と手間がかかるようになる。しかし調査はあくまで趣味の延長であり、山歩きや沢登りも目的の一つであったため、その当時は楽しみが一つ増えた程度にしか思っていなかった。

## 調査は危険と隣り合わせ

希少植物の多くは、シカの入れないような崖や急傾斜地にしか見られず、シカが入れる場所ではほとんど出会えないということは経験的に分かっていた。そこで調査地も、自ずとシカの入れない急な谷や岩場が多くなり、そのような場所を中心に探すことにしたのであるが、シカが入れない場所というのは、裏返せば人間も入りにくいということにほかならず、当然危険な場所も多い。芦生へ入る目的の一つが沢登りであったため、最初はそのような場所に入ることを楽しみにしていたのであるが、様々な体験をする中でそれは次第に「恐《おそれ》」へと変わっていく。

入林許可を得てからはなくなったが、滝を登っていて途中で登れなくなり、上にも下にも横にも行けなくなるという経験を幾度もした、芦生では三回あるがそのうち二回は単独行であった。一度は一〇メートルほどの滝が二個連なり、その間が滑り台のようになっている滝の上段で動けなくなった。五分ほどじっと耐えていたがどうする事もできない、ここで足を滑らせば下段の滝から転落することがはっきりしていた。水が流れ落ちる方をじっと眺めているとその方向に微かな可能性を発見した。二メートルほど下に足一つ置けるような岩の突起があり、そこへ跳び移ることができれば何とか助かる。時間と共に脚はこわばって来て躊躇している余裕はない、不安定な体勢から全神経を集中して一気に跳んだ。と、止まった、体が止まった、そして助かった。声を上げて叫びたいほどの喜びだ。絶望という言葉があるが、滝の途中で固まっているときは深い孤独であると共に、絶望そのものでもあった。一人では声を上げようが泣き叫ぼうがただただ空しいだけ。「登らなければよかった。」と必ず悔やむのだが、これとて何の力にもならない、とにかくこの絶望の深淵から逃れるためには「一か八か」「生還か転落死か」、一パーセントでも可能性のある行動をとる以外にない。

　こんなことを経験するとそれがトラウマとなり、絶望感を味わった場所はできるだけ避けるようになるのは当然として、それ以外の場所でも次第に沢登りを恐怖に感じるよ

**大谷三ボケの滝**　この滝は10m ほどの高さのものが2段になっていて、上下の滝の間は、滑り台のように凹凸の無い傾斜になっている。この上段の滝の中ほどまで無理をして登ったものの、上がることも下ることもできなくなってしまった。まさに進退極まるとはこんなことを言うのだろう、猛烈な孤独を感じた。

うになり、できたら険しい谷には入りたくないと心から思うようになってきた。また許可を得てからは、万一事故を起こせばたくさんの方々にご迷惑をかけることになる。そのため現在は、やむを得ず危険な場所での調査をしなければならない場合を除き、できる限り安全なルートを選ぶようにしている。

調査の対象にしている植物には様々な生活型があり、樹木の多くは冬に葉を落とすものが多く、草本では冬に地上部を枯らすものが多い。しかし反対に夏に地上部を枯らすものとしてはトケンランやフデリンドウなどがあり、またスプリングエフェメラル（春の妖精）と呼ばれる植物の中には、ワチガイソウのように早春に花を咲かせて種子を作り、初夏には早くも地上部を枯らしてしまうというものまであって、一回の調査で完結するというわけにはいかず、植物の地上部がある季節を狙って何度も訪ねなければならない。

また、由良川沿いの岩壁などには、シカの採食から逃れて広く群生している植物があるが、そのよ

**トケンラン**　トケンとはホトトギスのことで、花の模様がホトトギスの胸の模様に似ているからだそうだが、地味な花だ。初夏に葉を枯らして秋に再び葉を開く、だから秋に若葉が見られる。大きな葉を付けるわけではないが、冬季に緑色をしていることが災いし、最近シカに食べられるようになった。

**ワチガイソウ**　ナデシコ科の植物なのでハコベとよく似た花を咲かせるが、体に似合わない大きな花を付ける。典型的なスプリングエフェメラルで、春早々に開花して気が付くともう消えている、本当に慌ただしい。名の「輪違い」は、名前が分からなかったときに「輪違模様」を付けていたことからとのこと。

うな場所へは人間も容易に近づけないため、離れた場所から調査しなければならない場合がある。大型の植物であればともかく、小型またはそれほど大きくない植物は遠くから確認するのが難しい、そこでそれらの植物の調査は花期に行うことになるのであるが、数種類ある対象植物のすべてが同時期に開花することはなく、それぞれの植物の花期に合わせて調査しなければならない。

由良川沿いでは、四月二〇日頃に開花のピークを迎える植物があり、その自生地は芦生の最奥部にあるため日帰りが困難で、どうしても一泊二日テント持参で調査に臨まねばならない。この頃はまだ気温も低くあられが降ることもあり、明け方には五度以下まで気温が下がる。しかし夜明けとともに始まる野鳥たちの囀りは凛とした早朝の谷間に響き渡り、否が応でも目が覚めてしまうほど賑やかだ。きっと一年で、しかも一日のうちで最も囀りの高まる時なのだろう。そんな冷え込んだ朝に濡れた靴下と沢足袋を履くのは拷問に近い。また川の水温も低いために慣れるまでは足が痛くなるほどだ。それでも深い谷底にまで陽が届くようになってくる

**春の由良川調査**　由良川の中流には「由良川渓谷」といわれるような険しい場所があり、そこを通過しなければ先へは進めない。テントで泊まるための装備や食料の入ったリュックを背負いながら調査をしなければならないため、体を軽快に動かすことができずなかなか大変な作業になる。

**テント泊した朝の由良川**　4月も後半になると夜明けはずいぶん早くなるが、それでも谷底にまで陽が届くのは太陽がかなり上ってからだ。調査には時間がかかるため、陽の届かないうちから歩かなければならない、その頃は薄暗くそれだけでも寒く感じるが、陽が射してくると急に体まで暖かくなったような気がした。

と、急に暖かさを感じ水も少し温んできたような錯覚を覚えるのは不思議だ。ただ二日目の行程中には深い渕が続く場所があり、その一部は腰までの渡渉を強いられるところがある。ここをまともに越えようとすると心臓が止まりそうになるので、最近ではカッパの上下を着てズボンの裾を縛り一気に渡ることにしている。それでも何かの原因でもたもたしていると、腹の上まで水に濡れてしまうのでそんな時はたまらない。

この由良川調査は毎回、友人の駒井さんに手伝っていただいた。二人で右岸または左岸一方だけを専門に調べると、一人で調査する三分の一程度の時間で片付くように思われる。しかしこの方法は普通では避けて通るような場所でもわざわざ選んで歩くようなものであり、誤ると渕に転落することになる。ただその場合でも最悪全身ずぶ濡れになるだけで怪我まですることは滅多にないが、その後はずっと寒さとの戦いになることだけは間違いない。

一泊二日テント泊での由良川沿い調査は、ゴールデンウィーク明けにシカの死体数調査でも、また夏に開花するシモツケソウの分布調査の際にも行ったが、夏の調査は実に楽しく快適だ。調査をしていて暑くなれば流れの中に浸かって水浴びをすればよく、荷物も軽くて済む。もちろん拷問のような冷たい靴下を履く必要もない、季節がよければゲンジボタルにも会える（少ないが）。しかし明け方の野鳥の囀りには春ほどの賑やかさはないようだ。ただ夏の調査で気をつけなければならないのは、ゲリラ豪雨というものだ。ある年のこと、テントを背負って調査をしながら由良川を遡っていると、この区間中最も険しい場所で激しい雨が降り出してきた。川の水は次第に濁りはじめ水嵩もどんどん増えていくのが分かる。調査どころではないこんなところで増水しては逃げ場がなくなる、安心できる場所までとにかく急がなければと、流れの中の岩を跳びながら自分でも驚くような速度で歩き続けた。そしてようやく安全な場所までたどり着くことができたが、激しい雨は止む気配もなく、土砂降りの中でテントを設営し何とかその中に潜り込んでようやくホッとできた。その後も雨は降り続き、由良川からはゴーゴーと音を立てて川の流れる音が聞こえていた。川の中では大雨は本当に恐ろしい。

岩場での調査はさらに厳しい。調査中ずっと緊張したままであり、時にはロープを出さないと下れない場所もあって常に強いストレスを受け続け、調査を終えるとへとへとになってしまう。調査対象植物の多い岩場は、高さ一〇〇メートル、幅三〇〇メートルほどもあり、足を滑らせれば間違いなく命を落としてしまう、そんな岩場を左右に移動しながら登ったり下ったりして調べる。夏の日差しの強い時には木陰になる場所が少なく、熱中症になるのではないかと思うほど辛い、しかも終始緊張を解くことができないので、終わる頃は精魂使い果たしたという状態だ。この岩場も由良川の険しい場所と同様に近づけない場所が多く、遠くから花を目印にして探す必要があるが、花期の異なる植物があるため一度では済まず一年間に三回ほど通わなければならなかった。

このようなことをしながら三年を経過した二〇一二年、研究林の入林規制が厳しくなって原則入林禁止となってしまった。そのため私の調査もできなくなることから、高柳先生と阪口さんのお陰で、二〇一二年から二〇一六年まで五年間の利用許可（毎年更新しなけ

岩場　希少植物はこのような岩場にも自生していることがあり、やむを得ずこのような場所でも調査をしなければならない。しかし調査は転落や滑落などの危険と背中合わせであり、調査中はひと時も気を抜くことができない。そのため調査が終わると一気に緊張が解けて疲れが現れぐったりとなってしまう。

ればならないが）を取っていただき、その後も継続して調査をすることができるようになった。しかしこれには条件があり、毎回利用前に入林ルートを連絡し、帰宅後に下山の報告をするというものである、これは現在も続いており、現在は地図を添付して事前の連絡をしている。また、毎年度末には

上　急傾斜地にはシカが入れない
中　シカの入れる限界が分かる
下　こんな場所にもシカの食痕が
傾斜の強い場所にはさすがのシカも入れないらしく、他では見られなくなった植物がたくさん残っていた。ただ、そこで見られるのは急斜面でも生きられる植物に限られていたため、シカの採食から逃れられるのは一部の植物に過ぎなかった。ところが最近になり、そんな植物さえも、次第に険しい場所に入り込んでくるシカのために食べられるようになってしまった。そのような状況ではあるが、現在においてもシカの入っていない場所は依然残っており、そのような場所では、採食された部分と未採食の部分との境界がはっきりしており、現時点でどこまでが食べられる限界になっているがよく分かる。

上　ミカエリソウ、
中　以前のミカエリソウ群生地　少し前までは、山へ入れば低山でもごく普通にあった植物であり、見返りたくなるほど美しいという名の由来に、本当かなといつも思っていたものであった。ところがあれよあれよという間にどこへ行っても見られなくなり、たまたま崖に残っているのに出会うと、ようやく「見返りたくなる」ほどになってしまった。この写真の場所には10年ほど前までミカエリソウが一面に群生していたが、現在では1株も見られなくなりシカの採食圧の凄まじさをまざまざと見せつけられた思いがする。そして残っている植物たちがこのような勢いで食べられてしまったらと恐ろしくすらある。

下　サワギク　15年ほど前にはどこでも普通にあったものだが、今では出会うことさえ困難な状況になってしまった。美しいと感じることはなく、記憶に残るような花ではないが、細かく切れ込んだ葉はとても特徴的で、帰化植物ではないかと思ってしまうほど在来種離れしている。

報告書も提出しなければならず、一般の方には分からない隠れた苦労も多い。

入林許可を得てからもシカの採食被害は大きくなるばかりであり、以前はシカが食べなかったためにごく普通に見られた植物でも、いったん食べ始めると瞬く間に消失し、今では険しい地形の場所に稀に見るだけという状態になってしまったものも少なくはない。例えばミカエリソウやサワギクなどがあり、芦生に限るなら絶滅寸前にまで追いやられている。また、以前は急傾斜地でシカが入れなかったために護られていた場所にも侵入するようになり、「いったいどのようにして入ったのだろう」と、不思議に思うくらい険しい場所にシカの食痕（食べ痕）を見る場面も増えてきた。

人間でも入れない場所に入ることができるシカの能力に感心していたのであるが、ある時そのような場所から転落して足の骨を折ったのだろう、袋角《ふくろづの》が折れ足を引き摺ってまともに歩けないシカに出会った。初夏でありながらやせ細ってあばら骨が浮き出ている、一年で最も餌が豊かだと思える時期でさえこの状態であるということは、本当に食べるものがなくなっており、唯一餌の残っている急傾斜地にでも入らなければ良質な餌を得ることはできないのだろう。しかしこのような急傾斜地に入ることは、シカにとってまさに命懸けの行動であり、そのような危険を冒してまで入らなければならないほど切羽詰まっているのだということを教えてくれた。

**袋角が破れ足を引きずっていたシカ**
夏の初め頃、袋角が破れ脚を引き摺って歩いているシカに出会った。まともに歩けないので脚を骨折しているのだろう。おそらく急斜面に無理をして入り、脚を滑らせて転落したのではないだろうか。急斜面でもシカの食痕を見かけるようになったが、このような場所で餌を探すことは命懸けなのだ。

## 希少植物の発見

調査をしていると思いがけないご褒美をいただくことがある、それは芦生で記録されていない植物を発見する事である。芦生には古くからたくさんの研究者が入り、植生調査を行っているので新たに発見される植物はないと思っていた。そのためそのような植物に出会ってもリストに載っていないのですぐには見当がつかないものもあり、写真を撮って帰って調べ、それでも分からない時には阪口さんに見てもらったこともたびたびあった。この中には京都府版レッドデータブックで絶滅種に指定されているイネ科のコメススキ、京都府では一か所しか自生地が知られていないシダ植物のヒモカズラなどの貴重な植物も含まれている。

その中でも二〇一九年に発見した、樹木に着生するランであるフガクスズムシソウは特別の存在だろう。発見当時

**上　コメススキ**　高山植物であるにもかかわらず、芦生では標高500m前後の場所に自生している。京都府の絶滅種に指定されていたが、芦生で自生しているのを発見した。本種も最後の氷期（氷河時代）の生き残りと言われているが、最近シカが食べるようになった。葉が細くて食べ応えはないと思うのだが。

**下　ヒモカズラ**　京都府では1か所しか自生地が知られていなかったシダ植物であったが、調査の過程で発見することができた貴重な植物である。日当たりのいい岩場に生育しているため、最近のように「夏に高温で少雨」の気候が続くと、枯れてしまうのではないかと危惧される。

**フガクスズムシソウ**　近畿地方の北部では確実な自生が確認されていなかったもので、2019年に偶然発見した。樹木に着生するランで個体数は少なく、しかも他の場所では見つかっていないため、極めて貴重な植物である。クモキリソウの仲間であるが、葉を見ただけではクモイジガバチとの見分けは困難だ。

は既に一応の調査は終えていたが、新たな自生地を探したり着生植物を探したりと、その後も継続して調査は行っていた。フガクスズムシソウは京都府を含め近畿地方の北部にはないとされていたもので、偶然このランに出会ったのであるが、やはり芦生のリストにない植物であったためにすぐには見当もつかなかった。写真を撮り帰宅して調べるとどうもフガクスズムシソウのようである、そこで写真を添付して阪口さんに連絡すると予想しないほどのインパクトがあったらしく、その二日後には早速現地調査となった。この発見は翌年に学術誌に投稿され、一部の新聞の地方版でも報道され、芦生が貴重な存在であることの証明が更に一つ増えたのではないかと思う。

## 生きものとの出会い

また調査をしていると様々な生きものにも出会う。多彩な形態のキノコや色彩豊かな昆虫たち、命の存在を教えてくれる蝉や野鳥の声など。しかしその出会いを最も感動的なものにするのは中大型の哺乳類だろう。芦生で出会った動物にはシカは勿論のことカモシカ、イノシシ、キツネ、タヌキ、テン、リスなど（どういうわけかサルはほとんどいないようだ）があるが、何といっても感動するのはツキノワグマだ。クマには遭いたくないとの理由で鈴をつけておられる方が多いが、私は会いたさ七割、遭いたくなさ三割で会いたさの方が強く、従って鈴は持たずに静かに歩いている。

そのお陰で二十年ほどの間に十数回出会い、または見かけることができたが、中でも二〇一八年に出会ったツキノワグマのことは絶対に忘れないだろう。谷の中の植物を探しながら流れを遡ってきたため、緩やかになった後も沢足袋のまま歩いていると、四〇メートルほど前方に黒い物体が蠢くのを見つけた。ツキノワグマだ。沢足袋を履いているのでほとんど音を立てずに歩いてきたこと、そして風がないため私の匂いも届かないことが原因であると思うが、ツキノワグマは私に全く気付いていないようだ。そこで四〇メートルほどの距離を保って音をたてないようについて歩いた。目の悪いツキノワグマにはその程度の距離を保つと動くものでも分からないらしく、ゆっくりと歩きながら鼻を地表近くに置いて餌を探しているようであった。そして立ち上がって腐朽著しい枯れ木を前足で壊して何かを食べているようだ。後で調べてみるとアリの巣を壊して幼虫などを食べていたらしい。

お陰で五分ほど後をついて歩いてその行動をゆっくりと見ることができた、こんな機会はもう二度とやってこないだろう。しかし細い枯れ木を踏んで「パキッ」という音を立ててしまったため、ツキノワグマは驚いて一気に斜面を駆け上がっていった。コンパクトデジカメでもなんとかその存在が分かるくらいの距離と余裕があったため、何枚か写真を撮ることができたのはその日最大の賜りものとなる。

**ツキノワグマ**

風がなかったために私の匂いが彼に届かなかったのだろう、気付かれることもなく40mほどの間隔を保ちながら追跡することができた。コンパクトデジカメでもこの程度に写せるほどの距離であり、またゆっくり写す時間的余裕もあった。ずっと追跡していると半ば朽ちた立木を壊して何か食べているようだ、彼が立ち去った後に見てみるとアリの巣であった。夏にはクマの餌になる植物が減り、それと共に動物食に変わるとのことで、その一つがアリの幼虫らしい。このようにゆっくりと観察できる機会はもう二度とないだろう、人生で最も思い出に残る出来事の一つになった。

**アリの巣を襲うクマ**

芦生で出会ったツキノワグマは、私の存在に気付いていつも逃げてくれたが、一回だけ立ち止まって私の様子を窺っていたことがあった。ある日森の中を歩いていると「カラカラ」と乾いた音が聞こえてくる、何の音かと不審に思いながら近づくと、クマをおびき寄せて調査する目的で設置された蜂蜜の容器から蜂蜜を食べているのである。私に気付いて逃げ去ったのであるが、すぐ近くの木の陰に隠れ私の方を見ている様子である、私がいつまでも移動しないためとうとう諦めたのか、ガサガサという音を残して逃げ去っていった、よほど蜂蜜が惜しかったのだろう。

さすがに危険だと感じた時もある、キノコの写真を撮っていたときのこと、なかなかピントが合わないので苦労していると、背後からプチプチと小枝が折れる音がしてきた。シカがやってきたのかと思って振り向いて音のする方を見ていると、大きな切株の向こうからツキノワグマが顔を覗かせたのである。私との距離は五メートルくらいだろうか、切株があって私が見えなかったためにこれほど近くまで接近したのだろう、その時までクマには数回出会っていたがこれほど接近したことがなく、さすがにあまりの近さに「ちょっとやばい」と危険を感じた。だが、クマの方もまさか人間がいるとは思っていなかっただろう、驚いた顔をして（そのように見えた）来た方向に一目散に逃げて行って、「ガサガサ」という大きな音がしばらく聞こえていた。

そのような経験を幾度かしていると、森の中でツキノ

**クマが襲ったミツバチの巣**　クマは食料の少ない夏にはハチの巣も襲う。ミツバチの巣には蜂蜜もあるため特に襲われやすい。手が入るまで巣穴の入口を歯でむしり取ったのだろう、木屑が周囲に散乱しており、巣を失ったミツバチが数匹周囲を飛んでいた。このような現場に出会った瞬間、クマと闘っても絶対に勝てないと思った。

**上　ルリボシカミキリ**　芦生では一度しか出会ったことがなく、おそらく探してもなかなか見つからないのではないかと思う。しかしその美しい姿に出会った者は魅了されてしまうだろう。長年の念願が叶い見ることができたときには、まさか出会うとは思っていなかったので感激した。

**下　シロマダラ**　芦生には日本本土に生息している8種類全てのヘビが生息しているとのこと。私はこのうちの7種類のヘビに出会ったが、シロマダラだけはこの写真を写した時の1回だけである。夜行性であるため出会う機会が少ないのだと思うが、おとなしくて本当に美しいヘビである。

**上　ミツバチの巣を襲うスズメバチ**　スズメバチの幼虫は肉食であるため、夏には働きバチはイモムシ類を集めて幼虫に与える。しかし秋になるとイモムシ類が少なくなるため、同じ蜂の仲間を襲うことがある。ニホンミツバチは防衛方法を持っている（セイヨウミツバチにはない）が、それでも護り切れずに巣を放棄することがある。

**下　イノシシの寝床**　イノシシは、ササや草あるいは木の枝などを集めて寝床を作ることで知られている。芦生周辺ではシカの採食によってササや草などの巣材が少なくなってしまったため、アセビの枝葉で作られたものが多い。荒々しい姿に似合わず、イノシシには繊細なところがあるのだと感心した。

ワグマに遭っても先方の方が逃げてくれるという確信を抱くようになった。ただし例外がある、親子のクマに出遭った時と、クマの好物を採っているときである。それさえ気をつければ大丈夫だ、奥山のクマは滅多なことでは人を襲うことはないだろう。

　もう一つ忘れられない出会いがある、調査を始める少し前のことであるが、谷沿いの小道を歩いていると岩陰に子供のカモシカがいるのを見つけた。カモシカも私に気付いて逃げようとしたのだろうが、あまりに慌てたためかその場でひっくり返ってしまった。すぐに立ち上がったので逃げてしまうと思ったのであるが、なぜかこちらを見たままで一向に逃げる気配がない。一般にカモシカは、一定の距離まで離れると安心するのだろう、立ち止まっていつまでもこちらを見ているという習性があるようだ。この子供のカモシカもじっとこちらを見たまま動かなくなったので、これはチャンスと静かにカメラを出して写そうとすると、何を考えたのか知らないがどんどん私に近づいてくる。そのためズームにしていたカメラのディスプレーに、カモシカの姿が収まらないほどになってしまった。

とうとう私の一メートルほど斜め後ろまで来て立ち止まって動かなくなってしまった、手を伸ばせば届くほどの距離であるため急に動くと驚かしてしまうのではと思い、スローモーションのようにゆっくりと体を動かして静かにシャッターを切った。もう十分だと思ってもなかなか移動してくれないので困ってしまい、とうとうこちらの方が我慢できず地面を這ってゆっくりと離れることにしたが、その日一日幸福感に包まれていたことは言うまでもないだろう。

カモシカには一〜二年に一度くらい出会っていたが、最近は滅多に出会う機会がなくなってしまった。芦生に生息するカモシカの個体数は少なく、それに伴って繁殖の機会も少なくなっていることは間違いないと思うが、本来カモシカの生息地であった急傾斜地にまでシカが進出するようになり、結果的にカモシカが追い出されてしまったというのがより大きな原因ではないかと思われる。今までは生息地を住み分けして共存していた両者が、シカが増えることによってそのバランスが崩れ、餌に対する適応力に劣るカモシカの生息数が減ってしまったのではないだろうか。

**カモシカの子供**　あまりに近づき過ぎたために、脅かしてはいけないと思ってかえって動けなくなり、半ば後ろ向きの苦しい姿勢で写真を撮ったため少しピンぼけになってしまった。何の不安もない瞳で私を見てくれている、そんなあどけない姿の動物の子どもは本当にかわいい。

## 五年間の調査記録の発表

入林許可を得てから四年近く経過したころ、突然高柳先生から今までの調査記録を京都大学の研究誌である『森林研究』にでも投稿して発表するようにしなさいと言われ、論文を書いたこともない私にとってはとても大きな課題となった。どうも外部の方には私が自由気ままに歩き回って特別優遇されているように見えているらしい。それであればどんなに苦労したかを書かなければと決意し、四年間の記録をまとめたうえで、五年目はそれまでに調査して自生を確認した地点を再度調査し、どれほど変化したかを調べようと新たな課題に挑戦することになった。

この調査のためにまず自生地を記した分布図を作成することにし、芦生全体を二〇区画ほどに分割してそれぞれの区画ごとに確認したすべての対象種のすべての自生地を地図上に記した。この地図の作成にはかなりの労力と時間を費やしたが、これによって最短で自生地を回るルートを描くことができて効率よく調査ができることになる。またこれを機会に、地図が表示されたＧＰＳを新しく購入し、ＧＰＳにも位置情報を記録しながら調査をすることにした。

しかし、自生地地図を持って最短ルートを実際に歩いてみると、谷通しや尾根通しで歩くのとは違って、険しい場所を横断したり上り下りが激しかったりと、余計に厳しい調査を強いられることが多かった。また、前回の自生地が消失していることもあり、捜すのに苦労した挙句、最後は消えてしまったと結論付ける、そんなことがたびたびあると、再調査のためにもう一度訪ね直すことが怖くなってくる、次の自生地も消えていないだろうか、シカに食べられてわずかになっていないだろうかと。

これまでに確認した自生地は五〇〇か所以上あって芦生全体に及んでおり、このすべてを一年で、しかも植物の葉が現れている期間に再調査するというのは大変な作業である。これまでも私一人でほとんど調べてきたのであるが、再調査もほとんど一人でしなければならず、仕事をしない日には天候が悪い場合を除いてほとんどはこの調査に充てる必要があった。

そして終わった、二〇一二年から五年間でほぼ二〇〇日、五年目の二〇一六年だけでも五〇日近い時間を費やして。時間切れで一部再調査できなかった自生地もあったが、ほぼすべてを回り終わってようやく重い課題から解放されたのであるが、実際には記録の整理やデータの入力などがあって、雪が降ってからもこれらの作業を続けた。

## ナラ枯れによる着生植物の危機

**上　ヒメシャガ**　里山などでよく見るシャガは中国原産であるが、本種は日本の在来種である。細長い葉はまるでスゲかイネの葉のように見えるため、一般には花がないと探すのは不可能に近い。体に似合わない大きな花はアヤメを小型にしたような感じだろうか、色彩も鮮やかでシャガよりも凛としている。

**下　チョウジギク**　由良川沿いの岩場で時々見られる、白い綿毛に覆われた花柄が印象的で、一度見たら忘れられなくなるだろう。増水とシカの採食で絶滅の危機に瀕しているが、成長が速いので障害がなくなれば短期間に回復すると思われる。最後の氷期（氷河時代）の生き残りといわれている。

この調査を終えた頃から希少植物へのシカの採食が更に激しさを加え、今までほとんど食痕を見なかったヒメシャガ、リュウキンカ、チョウジギク、シモツケソウなどもどんどん食べられて小さくなり、また二〇一七年の七月にあった豪雨は、渓流沿いに自生していたそれらの植物に対し、追い打ちをかけるような大きな被害を与えた。芦生の少し下流に国土交通省の水位観測所があり、通常の由良川の水位は三〇センチメートル程度であるのに対し、このときには四メートル近くまで上昇した。このときには由良川の渓流沿いでは、高さ四メートルくらいまでに自生する植物の地上部が引きちぎられ、川の恐ろしさをまざまざと見せつけられる思いがした。ただ、このように大きな被害が出たのは、単に水流の力だけではなく、ナラ枯れなどのために倒れて谷を埋めていた倒木が、増水によって流されて流木となり、渓流沿いの植物を削り取ったのではないかと思われる。そんなことが重なって、あまりにも痛々しい姿を至る所で目にする事となり、森を歩くことが辛くなってきた。

　また、ナラ枯れが激しくなる前は、由良川に注ぐ多くの谷では、流れが岩を削って滝を作り、あるいは巨

**増水前の状態**

増水する前でもシカの採食被害は見られたが、それでもこの程度には植物が残っていた。2017年の豪雨による増水で、水面から4～6mほどの高さまで、ほとんどの植物が引きちぎられてしまった。この光景を見たときには呆然としたものだが、やがて時間の経過とともに次第に植物が回復して、このような環境で生育する植物は増水によって削られても素早く回復できるように適応しているのだと感心した。だが、シカの採食を受け続ける植物は回復に至らず、危機的状況から脱出することができない。

**増水後の状態**

岩の間を流れ下り、またあるところでは深い淵を造って遡る者に谷を歩くことの喜びを教えてくれていたのであるが、やがてナラ枯れで枯死したミズナラが倒れ始め、大雨の度に土砂崩れが起こり、強い風が吹けば根の浅いスギやブナが倒されるようになってくる。するとあれほど清らかで心安らぐ流れであったものがそれらの倒木で埋められ、更に倒木は流れを堰き止めて土砂を堆積させてしまう、そんな流れを遡ると決まったように行く手を塞ぐ倒木群に悩まされるようになった。由良川本流まで下れば、それまで底が見えないほど深かった渕が流れ込んだ土砂で浅くなり、次々と注ぎ続ける土砂にいつまで経ってもかつての深い渕は蘇らない。

ナラ枯れが激しかった頃のこと、枯れたミズナラはすぐには倒れずに立っているが、やがて二年から数年経つと倒れてしまう。そのような倒木に出合うことが頻繁にあり、それを乗り越えるのにいつも苦労させられたものである。ところが、そのような倒木には様々な植物が付いているのが普通であり、シダのシノブはほとんどの倒木で見かけたし、ツルアジサイも多くの倒木に絡まっていた。しかし時にはホテイシダやスギランなどのシダ類、ツリシュスランやヒナチドリなどのラン、低小木のヤシャビシャクといったレッドデータブックに掲載されているような植物も見られ、それらの植物はすべて、必然的に着生樹と運命を共にすることになる。

倒木で埋められた谷　下層植生の衰退で倒木が発生しやすくなり、またナラ枯れで枯れたミズナラもやがては倒れ、それらが重なるように谷を塞ぐようになると、ときには通過不可能になることもあった。そんな倒木に出合うと途方に暮れてしまい、前進することを断念しなければならなくなることもあった。

**上　ナツエビネの着生したトチノキ**
ナツエビネはシカの採食によって大きな被害を受け、消失したり小型化したりして最近では花を咲かせる個体が少なくなった。しかし、大木、特にトチノキの上には、群生してたくさんの花を咲かせているものがあり、万一地上から消えても、この状態が続く限りそこから種子が供給されるだろう。

**中　クモイジガバチ**　大木に着生するランで、以前は京都府ではその存在が確認されていなかった希少な植物である。ランの花は花粉を運んでくれる虫を呼ぶため様々な形をしており、なかには昆虫に似ているものもある。本種もそんな一種で、形は特殊だが花の色は地味で華やかさはない。

**下　セッコク**　このランも調査の過程で出会ったもので、今まで芦生では確認されていなっかた植物である。樹木に着生するものも見られるが、芦生の自生地は険しい岩場がほとんどで、一般には見ることはできない。純白の花は清楚で美しく、しかもいい香りがする。

**上　ヒナチドリ**　大木に着生するランで、ナラ枯れの激しかった頃は倒れたミズナラによく着いていた。ナラ枯れが収まった現在見る機会がほとんどなくなったが、一日中探せば高い樹の上に見つけることもある。日本に自生する着生ランの中では華やかな方だと思う。ピンク色の花弁が印象的で可憐な花だ。

**中　ヤシャビシャク**　ユキノシタ科の小さな樹木で大木に着生する。ナラ枯れの倒木で時々見られたことから、ナラ枯れによって本種もかなり少なくなってしまったと思われる。スグリ(グズベリー)の仲間であり、樹に登ることができる小動物が果実を食べると思われるが、私自身はまだ食べたことはない。円内は果実。

**下　トチノキに着生する植物**　大木には本来の着生植物だけではなく、通常は地上で生活する植物も着生しているのが見られる（これを「偽着生」というようだ）。その中にはシカに食べられてわずかしか残っていない植物もあり、それらの植物にとって大木は、シカの採食からの避難場所になっている。

**上　ホテイシダ**　樹木に着生するシダでノキシノブに近い、しかし葉が薄くて幅も広く冬には枯れてしまう。布袋という名がついているので、お腹の大きな布袋さんを想像するがまったく違っていてスマートだ。きっとノキシノブより葉が広いからか。芦生では珍しくないが、全国では希少種になっている。

**中　スギラン**　樹木に着生するシダで名前のとおりスギによく似ている、少し離れた場所から初めて見た時にはスギだと信じたほど。常緑なので晩秋から初春までの落葉期には見つけやすいが、それでも簡単には出会えない。ナラ枯れの倒木でよく見かけたので、たくさんのスギランが消えてしまったことだろう。

**下　ツリシュスラン**　豪雪地にありながら常緑のランであり、花の付き方も着生という生き方にうまく適応していると思う。花茎が一旦垂れ下がり先端側を持ち上げ「J」の字形に花を咲かせる、しかしランの花としては小さく質素で目立たない。葉が小さくコケの中に潜り込んでいるために花期でないと発見しにくい。

**上　カキノハグサ**　葉がカキの葉に似ていてこれ以外の名前が考えられないほどだ。ヒメハギの仲間なのでマメ科に近く、花の形も豆の花に少し似ており、大きめの黄色い花はなかなか魅力的だと思う。もともと数が少なかったうえ、林床に生育しているためシカが食べるようになり、現在は僅かしか残っていない。

**上　フシグロセンノウ**　緑の濃い草むらの中にあって鮮やかなオレンジ色の花は実によく目立ち、発見したときは遠くからそれと分かった。ナデシコ科の一員であることは花の形を見ると納得できる。残念なことに最近シカに食べられるようになって谷沿いの急斜面にしか残らなくなった、それもわずかだ。

**下　カリガネソウ**　さわやかな色彩をして不思議な姿の花を咲かせるが、植物が発する臭いはかなりなもので、群生地の中を歩いていると気分が悪くなってくる。この不快な臭いは動物に食べられないようにするためだと思われ、現にシカもあまり食べてはいない。このまま食べられずに済めばいいのだが。

**上　コケイラン**　別名ササエビネともいわれるが、細い葉はササよりもスゲに似ているかもしれない。地上性のランであるためシカの採食によって消えてしまい、私が知るところでは大木に着生しているものだけになってしまった。ランの花としてはあまり華やかではないが、気品があるように感じる。

**下　ゼンテイカ**　別名のニッコウキスゲの方が通りはいいと思われ、日光の山や霧ケ峰などが有名である。本州中部の自生地は標高2000m付近が中心になっているのに対し、芦生では標高500m付近の岩場が自生地であるため、芦生のものは最後の氷期（氷河時代）の生き残りといわれている。

　最初の頃は倒木に出合ってもあまり確認する事はなく、またそのような植物があったとしても気にせず通り過ぎるだけであったが、頻繁に出合うようになりこのままでは着生植物が消えてしまうのではないかという危機感を次第に感じるようになってきた。すると何とか助けることはできないかと考えるようになり、倒木の樹皮から落ちてしまったものや落ちる寸前にあるようなものは、近くの健全な樹に載せた。ただそれは、自分自身への言い訳であったのかもしれない、ナラ枯れに対して何もできなかった自分への。そんな言い訳のためにした行動もほとんどが実を結ばず、やがては消えてしまうものが多かったなかで、一部のものは現在も元気でいる姿を見ることができる。そしてその姿を確認するたびに心から感謝の思いが湧いてくる、「生きていてくれてありがとう」と。

フガクスズムシソウの発見を契機に、着生植物をテーマに二〇二〇年八月には、京都府立植物園で写真展が開催され、写真の多くを私が提供することになった。しかしそれらの多くは倒木に着生していたものであるため、今ではそのほとんどの植物たちに会うことができない。それを考えると、あの時もっと行動しておけばよかったと悔やまれる。この写真展の開催を機に、現在は樹木に着生する植物に集中して調査をするようになった。これは地上の植物をほぼ探し尽くしたために、調査をする場所がなくなってきたことも原因である。着生植物を探すのは容易ではない、空中湿度の高い場所が適地であるためどうしても沢沿いになる。谷の中を歩きながら樹木を見上げるのは辛い、だんだんと首がだるくなるうえ戻したときにふらつくこともある、そこで谷底から少し上がったところを谷と平行に歩きながら探すのが一番楽で効率がいい。ただそのような場所は足場が悪いことが多く、双眼鏡で探しながらしかも滑落しないように注意して歩かなければならない。

チャボヒラゴケの着くサワグルミ

着生植物の調査をしていて気づいたことは、希少性のあまり高くないものはそれなりに残っているが、希少性の高いものはほとんど見られないということ。そしてトチノキなどの大木上には純粋の着生植物ではなく、本来は地上が自生地であるような植物が少なからず見られるということである。大木の樹上、特に樹の股や水平に張り出した太い枝上は地上に似た環境を持っているのだろう、長い年月を経て土壌のようなものができている可能性もあるだろう。そしてそこに生育する植物の中にはシカの採食被害のために激減して、地上ではほとんど見られなくなった植物も多く、そんな植物にとって大木は、シカの採食からの避難地になっているといえる。それゆえ大木は植物の多様性を保全するために重要な役割を果たしている、そして大木の多い芦生はそのような点でも貴重な存在であるといえるだろう。

コアジサイの広がる由良川支流

## 2　芦生原生林の調査と現状

# シカの越冬調査

凍る由良川下流

## 過酷なシカの越冬調査

入林許可を得ていただく際、希少植物の調査だけでは冬季に入林ができない。真冬も毎週のように芦生にやってきていたのでこれを継続するためには、調査対象の中に冬季にできるものも入れなければならなかった。いろいろ考えた結果、冬季におけるシカの越冬調査をすることに決めた。芦生は最大積雪深が三メートルにも達する豪雪地であるため、入林しやすい場所でしかも短い期間の調査はされていても、それ以外の奥深い場所、特に由良川の中流及び上流の下部ではおそらくされたことがないと思われた。

シカの越冬調査は、まず一一月に由良川を歩き、積雪のためにシカが川の中しか歩けなくなることを想定した場合、餌になるものがどれだけあるかを調べることから始まる。標高のあまり高くない芦生でも、一一月になるとさすがに水は冷たくなり、沢足袋を履いて流れの中を歩くと体が冷え切ってしまう。だからできるだけ天気の良い日にしたいのだが、この頃は日本海側特有の天候のために晴れる日が少なく、しかもこの調査だけで三日間も必要なためそのすべてを晴れた日に行うのはなかなか難しい。結局小雨が混じる日にもしなければならなくなってしまう。

餌になると考えられるものは、流れの上に倒れたあるいは垂れ下がった生きた木の枝で、樹種もヤマグルマやウラジロガシと言った常緑樹のほかコハウチワカエデ、リョウブ、エゴノキなど冬季に食痕がよく見つかる落葉樹である。落葉樹の落葉は一〇月下旬頃から始まるため、この調査の時にはまだ一部葉が残っているものが多く樹種の識別にはあまり困らない。したがってこの時に、冬芽と樹皮だけで樹種を同定できる眼力を養っておくと、完全に落葉してしまってからの調査に役立つ。

　これが終わるとあとは雪が降り根雪になるのを待つだけになる。冬の調査はほぼ一人で行った。冬の芦生へやってくる人はわずかであり、行く場所もほぼ限定されているため、毎回ワカン（輪かんじき）を履いて新雪を歩くことになり、まとまった降雪の直後は雪が深くいわゆるラッセル（雪漕ぎ）を強いられた。特に雪が深い時にはワカンを履いていても膝上まで沈むことがあり、こんな時に傾斜の強い場所を歩こうとすると腰までのラッセルとなってまともには進めない。そこでまずは両腕で雪を圧しつけ、その上で膝を使ってさらに雪を押さえつける、そうしてようやく一歩前進できることになる。これを私は「三段ラッセル」と呼んでいるが、これをやっている姿はチベット仏教の「五体投地」に似ているのではないかと思っており、実際にも修行としか言いようがないほど過酷だ。そしてこのような進み方では全く捗らず、一時間続けても二〇〇〜三〇〇メートルしか前進できない、当然予定どおりには歩けず途中で敗退して引き返すのが落ちだ。

　このような雪深い場所ではさすがにシカに出会うことはないが、谷間の平坦な林道では時々出会うことがある。深い雪の中を歩く苦労はシカも同じ、シカの通った跡は足跡だけではなく、胴を擦りながら

**ラッセル跡**　除雪をしながら走る機関車をラッセル車というが、誰も通っていない深い雪の中を歩くことも、登山用語でラッセルという。雪が深いほど苦しくなるため、膝よりも深くなるともう修行のようなもの、なにも考えてはいけない。ラッセル跡は動物も歩きやすいのだろう、私の足跡の上を歩くものがいる。

歩いたのか雪面がU字形に掘れ残っている。川の中だけでは餌が見つからないのだろう、時々雪の上に上がって林道の法面などのあまり雪がない場所で餌を探しているようだ。こんな時に私を見つけたシカは慌てて逃げようとして跳び上るのであるが、雪を蹴ってもあまり高くは跳びあがれないからいっそう必死になる。数回跳ぶと立ち止まって「ハアハアゼイゼイ」、また数回跳ぶと立ち止まって「ハアハアゼイゼイ」、もう少し落ち着いて歩いたほうが楽にしかも早く進むことができると思うのだが、冷静に考える余裕はないのだろう。

　芦生のシカは、雪が降り始めて積雪深が五〇センチを越え、根雪になる頃になると越冬地へ移動し始め、さらに積雪深が増えて一メートルを越えるようになると、すべてのシカが越冬地へ移動し、それ以外の場所では見ることができなくなる。冬でも凍らず緩やかな流れが長く続く由良川の下流と中流の一部、及び上流、そして支流の一部が芦生内の越冬地であり、このような場所に行かないとシカには会えない。しかし雪の降り方や前年の雪の状態によっては通常と違うような行動をすることもあ

**シカが集団で移動した跡**

シカの越冬地はだいたい決まっていて、雪が深くなってくると移動を始める。特にまとまった雪が降った後には集団で移動することが多い。その場合先頭は体力のあるオスシカが歩き、その後にメスシカや子ジカが続くらしく、たくさんのシカの足跡が重なっている。集団で移動した足跡を追って歩くのも調査の一つであり、どの辺りから始まってどの方向に続いているかを知ることにより、夏の生息地と越冬地との関係や移動ルート、あるいは越冬地へ移動を開始する積雪状態などが推測できるのではないかと考えている。しかしこの調査もかなり苦しく危険であり困難を伴う作業だ。

**越冬地へ移動するシカの足跡**

る。二〇一〇年一二月三一日のことは忘れもしない。登り始めたときには一〇センチも雪がなかったのであるが途中からどんどん雪が降って来て雷まで鳴りだす始末、下山する頃には膝までのラッセルとなったのであるが、その下山時に五頭程度のシカが集団で山を下った足跡が麓まで続いているのに出合った。ドカ雪のためにシカが慌てて越冬地へ移動したものと思われるが、私も下山後大変なことになっていた。道路の除雪がされていなかったために車が走れなくなっていたのである、幸い近所の方と親しくなっていたので、除雪車が来るまで三時間ほどお邪魔させていただいたが、日中にこんなに雪が降るのは珍しい。もう一つの例は二〇一八年のことである。前年に一日で一メートルに達するようなドカ雪が降り、この冬にはたくさんのシカが死んでいた。このときのことを記憶しているからだろうか早々に山を下ったらしく、積雪深が五〇センチを越えるようになった時にはほとんどシカを見ることがなくなっていた。

## 越冬シカの生存率

積雪深が一メートルを超え、越冬地以外ではシカを見かけなくなる頃に越冬地の川を歩くと、たくさんのシカに会うことができる。これまでにも冬季に由良川中流に入ったことが幾度かあり、そこでは実際にシカを見かけ、あるいは足跡や新しい糞などシカの生息している痕跡を見ていたため、毎年越冬していることは確実であった。そこで、積雪の一番深いころに由良川を歩き、そこで出会うシカの数を数えて越冬個体数を推定し、雪融け後にもう一度由良川を歩いてシカの死体を数えて生存率を推定しようと考えた。この調査地である由良川中流には、途中に由良川渓谷といわれるほどの険しい場所があるため、三区画に分割して調査をすることにした。

一番上流側は何とか日帰りで調査ができるが、雪の状態如何では厳しいラッセルを強いられることがあり、かつて体力の限界まで歩かされたことがあった。そのため最近では前日に登山口側と下山口側を歩いてトレースを付けておき、当日はラッセルしなくてもいいようにしている。この調査地では胴長を履いて川を遡るのであるが、途中に渕があってこれを巻いて越える際に腰近くまで雪の中に沈み大変な苦労をさせられることがある。そのような場所は二か所ほどしかないが、それでも真冬に雪深い川を歩くことは危険との背中合わせであることに間違いはない。

この調査地を下流から上流に向かって歩いていくと、シカはどんどん上流へと逃げていく。私が苦労して越える渕も泳いで渡っていく。この姿を見るまでは冬に川を泳ぐなど想像すらしていなかったが、逃げるためにはやむを得ないのだろう。きっと冷たいと思う。ある時のこと、川を遡っていると逃げていくシカの集団

**雪の壁を乗り越えて由良川を遡った**　由良川の流れを遡って行くとやがて渕が出てくる、胴長を履いていても流れの中は深すぎて通れないため、川岸の雪の壁を登り、深い雪の中をもがくように歩いて越えて行かなければならない。初めて通ったときには、ここを越えられるのだろうかと、半ば絶望的な気持ちになったことを思い出す。

**シカの調査のため由良川を歩く**　雪の深いときには、由良川周辺で越冬しているシカのほとんどが山を下って流れ沿いに集中する。雪の上を歩くのが困難になるためだ。そこで、そのようなときに由良川を歩くと、越冬しているシカの頭数が大体分かる。しかしシカも歩くのが困難な場所を歩くことは、調査する人間にとっても同じだ。

の中に〇歳の子ジカがいた。この子ジカも親たちの後を追って渕を泳いで渡ろうとするのであるが、上流側にある小さな滝をどうしても越えられない、雪の壁にもアタックするがこれも高すぎて上がれずこんなことを何度も何度も繰り返すだけ。その間ずっと渕を泳いだままであり、私は「何も危害を加えようとしているのでないから、無理しないで戻ってきなさい」と心の中で子ジカに声をかけた。しかし最後の力を振り絞って岩に掛けた脚が体を少しずつ持ち上げ何とか渕を乗り越えた、その姿に私は思わず「よかったなあ」と声をかけていた。この間一〇分ほどであったが、その後しばらくは、こんな冷たい川の中を一〇分も泳がせてしまった私はなんとひどい人間だと、自責の念に駆られることになる。

**泳ぐシカ**　川の両岸に雪の壁ができるほど雪が積もっているときに由良川を遡っていくと、シカの群れに出会った。私を見つけたシカたちは上流へと逃げ、流れの深い場所や渕は泳いで遡っていったが、群れの中にいた子ジカにはそこがなかなか越えられず、長い間泳ぎながら何度も雪の壁を登ろうとしていた。

由良川調査の中間部分は区間が短く、雪の条件のいい日には日帰りが可能だ。調査区間が短いため調査地まで山越えして同じルートを往復するのであるが、下りには登りのことを考えて小幅で歩くようにしている。すると歩幅が広すぎずそのまま登りに使えてとても楽に歩ける。この区間は由良川渓谷の中間にある平坦な場所であり、真冬の雪深い時期に入った人間はほとんどいないのではないかと思われる。初めて入った時は、どんどん下って行くので果たして戻って来られるのだろうかと不安になったが、何度も繰り返しているうちに不安は消えた。ただし雪が強く降っているときや風の強い日は気をつけなければならない、登りのために付けたつもりの足跡が消えてしまうからだ。

最下流部の調査地は区間が長く一日では難しい、そのため途中でテントかイグルーを作って泊まることになる。区間の途中までは由良川沿いのトロッコ道を歩いて遡って行くのであるが、橋が落下しているところが随所にあり、倒木も多くて歩道を遮っているところが次々と現れるなど、かなり荒廃しており、雪がないときでも簡単には通れない。ここに雪が積もるのであるからなおさら困難になる。深い時にはワカンを着けていても膝まで雪の中に沈む、五～六時間かけてようやく歩道の終点七瀬に到着、これより先は川の中を歩くしかない。

以前は、一日目はここまでにしてイグルーを作って泊っていたが、そうすると今まで追い上げてきたシカが夜間に下ってしまう可能性があって正確な越冬数が確認できなくなる恐れがある。そこでその後は、簡単にテントを張って宿泊用装備を置き、胴長に履き替えてその日のうちにさらに由良川を遡るようにしている。ある程度まで行くとその先は遡るのが困難となるため、

**イグルー**　イヌイット（エスキモー）の氷の家を雪で作ったようなもの、スコップで雪のブロックを切って積んでいく。少しずつ内側に傾斜するように積み最後は大きいブロックを天井に載せて完成する。積雪が少ないときや平坦地でも作ることが出来るが、最近は冬に雨が降ることが多くザラメ雪では作れない。

**シカの越冬調査はテント泊**　由良川沿いのトロッコ道を最後まで歩き、そこにテントを設営して荷物を置き、さらに由良川を遡ってシカの生息調査をした。引き返してテント内で夕食を作る。マカロニを茹で、そこに野菜と肉を炒めたものとカレールーを入れてマカロニカレー。夜はホッカイロをたくさん貼って寝た。

そこで調査を終了して引き返すことになる。シカはそれから上流へも遡って逃げているが、通常はそれより上流では越冬していないため、そこまでに出会ったシカの頭数を数えて調査は終了する。

トロッコ道は急な山腹を削って作られている部分が多く、そのような場所では雪崩の心配がある。実際雪崩の跡をよく見かけるため、降雪直後や気温が高くなるような日には調査を避けるようにしている。また、急斜面であるため崩れた雪が歩道を埋めてしまって急斜面の一部となっている場所も多く、凍っているときにそのような場所でスリップすれば谷底まで一気に滑落して命を落としかねない。その上宿泊するための装備や胴長も入れているのでいっそう荷物は重くなり、それを背負って危険な歩道を歩くのはストレス以外の何物でもない。「もうこんなことは今回で止めよう」といつも思うのであるが、また次の年も繰り返している、そんな自分自身がよくわからなくなる。

トロッコ道を上流に向かって歩いていると、由良川の河原にいるシカが私に気付いてどんどん上流へと逃げて

**川の中で倒れたシカ**　雪深いときに由良川を遡っていくと、上流へ走って逃げるシカの群れに出会った。その群れの中にいた1頭のオスシカが突然倒れ、何度も起き上がろうとしたがそれができず、とうとう川の中で動けなくなった。岩の隙間に脚が入って骨折したのだろうか、翌日流れに洗われて死んでいるのを発見した。

**冬のトロッコ道は危険だ**　冬のトロッコ道は雪崩が発生しやすく、また雪崩れた後は歩道が雪に埋まって斜面の一部となり、凍ったときにスリップでもすると川原まで滑落し命を落としかねない。そんな凍結した状態のときにはストックで凍った雪面に穴を空け、そこに足を置いて歩くのだが心もとなく緊張の連続だ。

いく。雪の少ない時には対岸の雪の少ない斜面を登っていくシカがほとんどであるが、雪が深いとそれができないためにほとんどのシカが川の中を逃げていく。トロッコ道を奥へ奥へと遡るに従いシカの数が増えて、十数頭の群れになった事もあった。二〇一五年のこと、トロッコ道を七瀬近くまで来た時、群れの一番最後から逃げるオスシカが突然倒れ、何度も起き上がろうとするのであるがそのたびに倒れ、とうとう川の中へ倒れたまま動かなくなってしまった。近づくとオスシカは流れの中に倒れ半ば水に洗われていた、おそらく逃げるときに岩の間に脚が入ってしまって骨折したのだろう、じっとこちらを見る目は穏やかでありなんの恐怖心も持っていないように見える。

　しかし真冬の水はさぞ冷たかろう、こうして流れの中に身を横たえておれば凍死することは明らかだ、それが分かっている彼は、覚悟を決め、死を受け入れて安らかな表情をしているのだろう。森に生きる生きものたちは等しく、少しの希望でもある限り生きようとするが、いったん死を覚悟したときは神聖なほどに潔い。その日はさらに奥へ進んで泊り、翌日引き返す途中昨日と同じ場所で、頭まで流れに洗われた状態の彼を発見した。分かっていたことではあるが、彼を死に至らしめたのは私であり、私さえこのような調査をしなければ悲惨な運命を迎えなくても済んだはずだ。私は自分を責めた、そして命を失って流れの中に横たわる彼を見ながら泣いた。「ごめんな、冷たかった

**50cmほど雪を掘って作った寝床**　冬眠しないシカは毎日雪の中の違った場所で寝るようだ。積雪の少ないときは地面が表れるまで雪を掘り、多いときは雪の上にダイレクトで寝ているようで、これはかなり寒かろう。大小二つの寝床を見ることがあり、きっと母子なのだろう、くっつけば温かいと思うが少し離れて寝ているようだ。

だろう」泣きながら声には出さず心の中でそう叫んだ。

調査を終えて家に戻り、この事件のことを高柳先生にメールで知らせた。そして尋ねた「このような調査をしていることは間違いではないのでしょうか」と。それに対し、「シカと人間との長い歴史の中で、シカは人間を見ると逃げるようになったのであり、あなたの責任ではありません。」そう答えていただき私は本当に救われる思いがした。

厳しい冬も終わりに近づくと、日差しに力を感じるようになる。それまで陽を受けてもあまり暖かさを感じなかったものが、次第にポカポカと温もりを感じるようになってくる。また雪融けも始まり南側を向いた斜面などは早くも地肌が現れてくる。このようなときにワカンを着けて森を歩くと、雪面の融けた雪がワカンの下にどんどん張り付いて高下駄を履いているようになり、それは鉄下駄のように重く何倍もの労力を費やしてしまう。取っても取ってもすぐに付いてくるので、長い距離を歩かなければならないときは気が遠くなるほどだ。そんな頃に森を歩くと、芦生以外の越冬地から戻って来たシカなのだろう、越冬地との境界尾根上に足跡を見るようになってくる。しかし、さらに奥に入って住み慣れた場所まで移動するには、もう少し時間が必要らしく、足跡の方向を見ていると再び越冬地へ引き返しているか、あるいは尾根上で夜を過ごしているようだ。きっと、まとまった雪が降ると、越冬地へ戻れなくなるのを心配しているからだろう。

## シカの死体数調査

マルバマンサクの黄色い花が雪に覆われながらも咲き始める頃になると、いよいよ冬は終わりを告げシカたちも安心して越冬地から移動してくるようだ。しかし草木の芽吹きはまだ先であり、この頃にシカの餌になるのは冬の嵐で折れた枝先や、それに付いているヤドリギ、あるいは雪の下から少しずつ現れる緑色をしたシダやスゲ類などであり、冬の間に消耗した体力を回復するにはまだまだ足らず、餓死するシカが増えるのは皮肉なことに春の兆しが現れるこれからである。

　シカの死体数調査は毎年四月の雪融け頃から始める、芦生全域の一〇〇キロ程度を漫然と歩き、どれだけ死体を発見するかという調査を二〇〇五年から続けている。さらに許可を受けてからはそれとは別に、五月のゴールデンウィーク頃に由良川を下流から上流まで歩きシカの死体を探す。こちらの方は漫然と歩くのではなく探すことが目的であり、流れの両側は勿論のこと両側の小台地にも上がって探すため、普通に歩く場合の二倍から三倍の時間が必要となる。また由良川の死体数調査は一泊二日で行うため、テントや炊事用具などの道具類を背負って歩かなければならずなかなかの重労働だ。死体が少ないと速く進むことができるが、多い場合はそのたびにオス・メスの別、成獣・

**ヤドリギにあるシカの食痕**　ヤトリギは樹に着生するため、雪が積もっても折れないようゴムのようにしなやかであり、折れるときは節が随所にあってそこで折れる。ところが最近雪の後に雨が降ることが多く、重い雪のために根本から折れてしまうことが多い。写真は倒木に着いているものだが、冬季はシカがよく食べる。

**シカの食痕フジ**　冬になると地上が雪に覆われるため、シカの餌も雪の上に出たものだけになる。倒れたり垂れ下がったりした樹の葉、樹皮、低木の枝などで、食べられるものであればなんでも食べるという感じだ。その中でもフジのつるはよく食べられ、齧られてほとんど切れかかっているものもある。

幼獣の別、オスの場合は角の枝数などを書き留めるために余計に時間がかかり、明るいうちに宿泊予定地に着けるかどうか心配になることがある。この調査は一人で行っているが、春の由良川植生調査の時にお願いした駒井さんに手伝っていただいた時もあった。この時は本当にありがたかった。

## シカの大量死

シカの死体数を数えるようになってからこれまでの間に何度か大量死が発生している。最初の頃は積雪がただただ多かったことが原因だと考えられ、四方を雪の壁に囲まれた流れの中に入ってしまい、脱出できずに死んでしまったシカも多かったのではないだろうか。実際支流を歩いていていると腐臭が漂ってきて、辺りを探すと必ずシ

**雪が深く、流れが廊下状**

小さな流れにあっては、積雪量が増えてくると両側から雪の壁が伸びてやがて繋がることがある。するとその上を歩いて渡ることができるようになるのであるが、反面雪の壁に四方を囲まれた流れの中に入ってしまうと、そこから脱出するのが困難となる。雪の壁を崩して階段状のものを作り、雪を固めながらよじ登らなければそこからは出られない。シカの場合はもっと悲惨であり、餌を求めあるいは水を飲むために流れに降りてしまうと、跳び上がって雪の壁を越えることができなければ脱出は不可能となる。そのため流れから脱出できずに死んだシカも多かったと思われる。

**雪の壁に阻まれて出られないシカ**

カの死体があったということが多かった。ある日のこと、沢足袋で流れを遡っていると流れに洗われ半ば腐敗しているシカの死体を発見し、慌てて沢足袋を洗ったのであるが、更に遡るとまた同じような死体が現われて、さっきは何のために沢足袋を洗ったのか分からなくなってしまったということもあった。

　そんな中でも二〇〇八年の大量死は特別である、一月下旬まではほとんど積雪がなかったのであるが、その後雪が降り続き、およそ一か月間気温も低い状態で毎日のように雪が降り続いた。深い雪の中では脚が沈んで歩く事ができず、ほとんど川の中だけで餌を探さざるを得なくなったに違いない。川の中だけであれば餌は限られる、一か月間も思うように歩けず餌にありつくこともできなかったことが原因で餓死するシカが大量にあったのだと思われる。

　また二〇一七年の大量死も例外的だ。一日で一メートル近い雪が新たに積もった、その二日後に歩いたが、あまりに雪が深くてスノーシューを履いてもなかなか前進できず、雪の上を歩くのを断念し途中で川に下ったもの

**深い雪から脱出しようとするシカ**　深い雪の中を歩くことは人間でも容易ではない、カンジキを履いてもそれはあまり変わらない。脚の細いシカであればなおさらであり、更に腹が擂れて普通には歩けなくなってしまう。そんなときは跳んで移動しようとするのだが、軟らかい雪を蹴っても力は入らないだろう、それも困難のようだ。

**雪に後ろ足を取られて死んだシカ**　ちょっとした崖から落ちあるいは飛び降りて、深い雪に後ろ足を取られ、動けなくなって死んでしまったのだろう。このような死に方は珍しいと思うが、冬の森では餌が限られるために、危険な場所にも敢えて入らなければ生きられない。豪雪地で越冬するシカには予想を超える厳しさがある。

の、流れが現れている場所以外は全て深い雪で覆われており、小さな渕ですら前進することができなくなった。だからといって流れから出ることも簡単ではない。一・五メートルほどの雪の壁に正面からアタックしてもまったく歯が立たず、まずは雪を崩して階段状のものを作りそれを踏み固めてからでないと脱出できない。そのためその日は思ったところまでは進めず引き返した。このドカ雪の少し後に由良川で越冬調査をした際、通常であれば三月以降にならないと死体を発見することがないのだが、この時は二月にもかかわらずたくさんの死体を発見することになった。これは、深い雪のために流れから出ることができず川の中に立ち続けていたのだろう。やがては体力の限界に達し、最後は疲れた体を癒すために流れの中に倒れ込みそのまま凍死したのではないかと推測している。

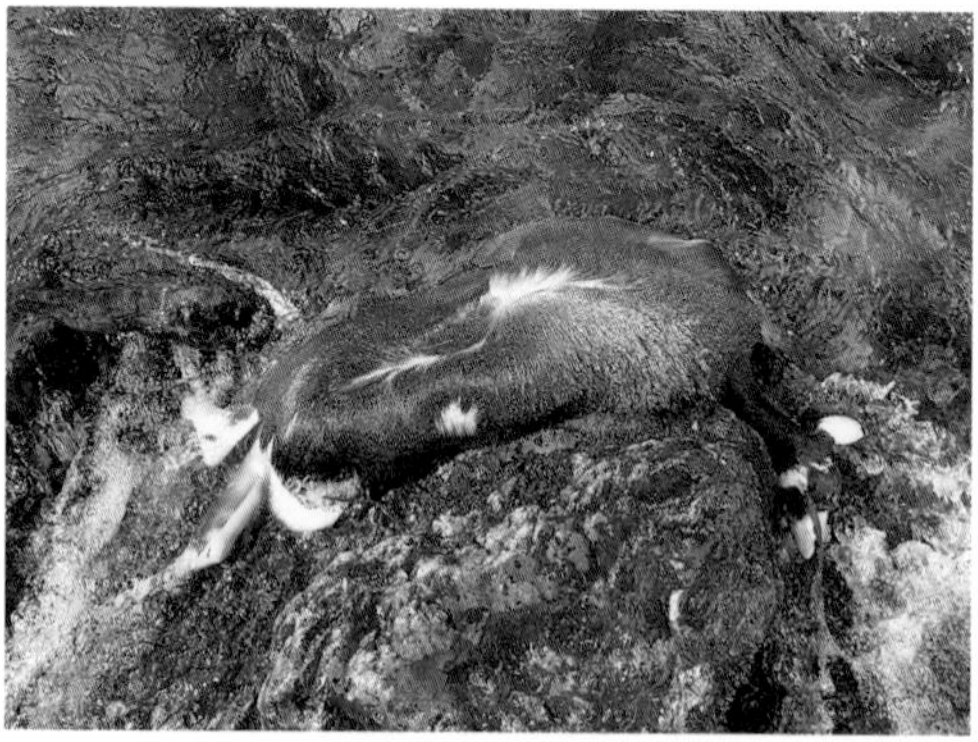

**川の中で死んだシカ 2017年** 2017年の冬には「どか雪」が3回あり、その時には水の流れている場所以外は深い雪のために通れなくなったのではないかと思われる。そのため疲れ果てて流れの中に倒れて死んでしまったのだろう、川の中で死んでいるシカを多数見た。雪はシカの生息数を調整する働きがあるのだ。

## 暖冬による影響

シカの死体数調査を続けてきて分かったことは、当然のことではあるが雪の少ない年には死ぬシカが少ないということ、しかし反対に雪が多い年は必ずしも死ぬシカが多いとは限らないということである。雪の少ない冬にはシカが死なないという現象はよく分かるが、雪が多くても死ぬシカが少ないのは何故なのだろう？これには様々な要因が考えられる。二つの例でも示したように、一番の理由は雪の降り方の違いのようだ、最近のように暖冬傾向になり冬に雨が降ることが多くなると、いくら雪が深くても脚が沈みにくくなってシカは雪の上を歩くことができるようになる。また、樹上に雪が大量に載っているときに雨が降ると、雪が綿のように雨を吸収しその重みで枝が折れてそれがシカの餌になってしまう。

また、シカの死体が多かった年は、当然考えられるように植物があまり食べられずに済むが、雪が少なく死体数の少ない年にはシカの数が増えて被害が拡大する。またそもそも越冬地へ移動しないで山の上で冬を過ごすシカがいるため、通常であれば積雪に護られる常緑の植物が、シカに食べられ大きな被害を受ける。従って植物の被害を減らすためには、雪が降り続く厳しい冬が毎年のように訪れることが必要なのだが、最近の暖冬傾向が続く限りそれは難しいだろう。

積雪とシカの死体数との関係

| 冬期間（年） | 積雪深100cm以上日 | 死体数 |
|---|---|---|
| 2004～2005 | 70 | 20 |
| 2005～2006 | 77 | 15 |
| 2006～2007 | 0 | 3 |
| 2007～2008 | 28 | 30 |
| 2008～2009 | 18 | 0 |
| 2009～2010 | 0 | 0 |
| 2010～2011 | 72 | 25 |
| 2011～2012 | 75 | 4 |
| 2012～2013 | 18 | 7 |
| 2013～2014 | 52 | 6 |
| 2014～2015 | 49 | 38 |
| 2015～2016 | 0 | 2 |
| 2016～2017 | 推定 55 | 27～30 |
| 2017～2018 | 8 | 0 |
| 2018～2019 | 2 | 9 |
| 2019～2020 | 0 | 0 |
| 2020～2021 | 0 | 2 |

積雪深は、国土交通省水文水質データベース（http://www1.river.go.jp/）「古屋」のデータによる。

## 2　芦生原生林の調査と現状

# タヌキの溜糞調査

タヌキの溜糞場

## なぜシカはタヌキの溜糞場にある植物を食べないか

長年森の中を継続して歩いていると、自然のルールとでもいえるような現象に気付くことがある、例えば毎年秋になるとイロハモミジが赤くなるというようなものであるが、中には誰も気づいていないような現象を発見する事もある。毎年歩いているルートにタヌキの溜糞場があった。タヌキは決まった場所で糞をする習性、いわゆる溜糞をする習性がある。これは家族間のコミュニケーションのためではないかと一般にいわれているが、その溜糞場に一株だけモミジガサが生えていた。モミジガサは山菜名をシドケなどといって有名な山菜の一つであり、この天ぷらは香りが強くてとてもおいしい。シカにも好まれるのだろう、以前は普通にあったはずなのに現在では険しい地形の場所に時々見かけるだけの存在になっている。そのモミジガサが、平坦な場所にも拘らずシカに食べられないで残っていた、五年ほど観察したが食べられたことがない。その状況を見て「シカはタヌキの溜糞場に生えている植物が嫌い」なのだと確信した。

そこでそれが他の溜糞場にも言えるのかどうかを確認するため、私の記憶にあるあちこちの溜糞場を調べてみた。間違いない、どこの溜糞場でもその周辺だけが青々とし

**タメ糞場のモミジガサ**　このタヌキの溜糞場にはモミジガサが写っているが、数年間見続けてシカが食べないことを発見した記念すべき溜糞場だ。モミジガサは、その当時でもシカに食べられて崖のような場所でしか見ることがなかったことから、平坦地に残っていることは特別なことなのだと気づいた。

ており、その中にはミヤマシグレやミヤマナルコユリなど他ではほとんど見られなくなった植物も残っているのである。

　そんな発見をして一年ほど経った頃のことである。毎年一一月末から一二月初め二日間で、区画法によるシカの生息頭数調査が行われていることは既に書いたが、二〇一二年に参加した際、一緒に調査をした学生さんと、出発の指示があるまでの間、そんなに長い時間ではないが芦生の話をしていた。その学生さんが哺乳類の研究をしたいとの話から、私が発見した「タヌキの溜糞場の植物をシカが食べない」という現象を紹介したところ、どうも非常に興味を持たれたらしく、その後一緒に実際の溜糞場を見て歩くことになった。

　翌春になり木々の緑が森の中に広がってきた頃、芦生に隣接した場所にある数か所の溜糞場へ案内した。シカの食害で地表が剝き出しになった森の中で、タヌキの溜糞場周辺だけが青々と植物が茂って目立っていた。その中にある植物を示しながら、一部の植物は現在ではシカに食べられてほとんど見ることができなくなったことを説明する。そして区画法の際に私が言ったことが間違いないこと、

タヌキの溜糞場　タヌキは決まったところで糞をすること「溜糞」が知られており、芦生でも溜糞場を150か所程見つけている。この溜糞場に育っている植物はシカが食べないため、溜糞場だけが青々として周囲から浮き上がっている。その植物のなかには、シカの好む植物や絶滅が心配される植物が含まれており、タヌキの溜糞場は植物、特に希少となった植物の避難場所として機能している。しかし最近になり、新しい糞のない場所やあっても僅かしかない場所のものは、シカに少し食べられるようになり、以前ほど避難場所としての機能が働かなくなってきた。

現実にそのようになっていることを目の当たりにされ、なぜシカはタヌキの溜糞場にある植物を食べないかの謎に取り組むことを決意されたようであり、私はその後学生さん（長野さん）と一緒に調査をすることになった。

## タヌキの溜糞場の調査を開始

まずは調査に適した溜糞場探しをすることから始めなければならない。継続して調査をするための要件としては、現地へのアプローチが短いこと、溜糞場の密度が高くて一回の調査でたくさんの溜糞場を回ることができること、糞が多く植物がたくさん残っている溜糞場を含んでいることなどがあり、この探索は当然のように私の役目となった。これまでに溜糞場を見たことがある場所や、それに似た環境の場所を中心に探すことにし、だんだん慣れてくると地形図を見て推測できるようになってくる。実際にそのような場所で溜糞場を発見すると嬉しくなり、何かタヌキの気持ちが分かったような気になってしまうものだ。この溜糞場探しには三日間を費やし、約五十か所近い溜糞場を見つけたが、予想以上の数に驚ろかされた。

　溜糞場探しが終わっていよいよ現地調査となった。その間長野さんは調査の方法をいろいろと考えておられ、私は現地へ案内して長野さんの指示に従って作業するだけであったが、溜糞場の調査のなかで一番大変だったのは、そこにあるすべての植物の種類と数を調べることであった。大きくなったものは大体分かるが、小さな実生のようなものは難しい、大人の姿と全然違っているものが普通であり慣れないと全く見当もつかない。例えば、コシアブラは五枚の小葉に分かれた複葉であるが、三枚の期間が長く五枚になるのは結構大きくなってからである。また、ツタウルシは成長したものでは葉の縁にはギザギザの鋸歯がない（全縁）が、小さいときにははっきりした鋸歯があり、ツタの小さい時とそっくりなのでどちらであるか判断に苦しむ。ツタウルシは触るとかぶれるためにうかつに触る事もできず困ったが、ようやく少し違いが分かるようになってきた。この調査のお陰で小さい段階の植物でも種名がかなり分かるようになったのが最大の収穫だろうか。その後あちこちの植生調査に参加させていただいているが、この時の経験が本当に役立っている。

長野さんの指導教官である高柳先生に、実際のタヌキの溜糞場を見ていただいてから、調査項目が大幅に増えた。私のような一般人には、違っていることさえわかればいいように思うのだが、研究者という人たちは他人の研究に難癖をつけるのが仕事の一つでもあるのだろう、そういう人に突っ込まれないようにしなければならないとのことで、溜糞場がそれ以外の場所と比較して違っていることを証明するための課題がいっぱい出された。その一つが、芦生だけではなく、芦生同様にシカの食害が激しい他の地域でも同じようにシカが溜糞場の植物を食べないという現象が見られるという証明である。さあ困った、芦生以外で溜糞場を見た記憶がほとんどなくどこで探せばいいのか、そこで提案して貰ったり思いついたりした三か所を候補地とし、実際に行って探してみることにした。

勿論このタメ糞場探しも私の役目で、地形図から溜糞場がありそうな場所を予測して現地調査をすることにした。実際行ってみると予想どおりとはいかないまでも、かなりの率で溜糞場が見つかる。これには本当に嬉しくなり、私はタメ糞場探しのエキスパートではないかと思ったほどであるが、たとえこんな能力があってもなんの役にも立たず誰からも声はかからないだろう。

長野さんとは最初の年だけでも一〇日以上は一緒に調査をし、またテントに泊まって合宿のようなこともしたのでいろんな出来事があり、今ではそれらは楽しい思い出になっている（私だけ思っているかもしれないが）。二泊三日のテント泊をした時のことである、七月半ばであったために生ものが傷んではいけないと思い、テント場の傍の川の流れに卵や野菜、バナナの他レトルト食品やカレールーなどを沈めて調査に出かけたのであるが、調査を終えて帰路につく途中から猛烈な雷雨となり、テント場に戻り着くと唖然としてしまった。食料を沈めていた小さな流れが濁流となっており、食料がすべて流されていたのである。少し下流まで捜しに行ったが見当たらず、その後の食事が悲しいほどの粗食になってしまったことは言うまでもない。朝食のラーメンは水を少なくして添付のスープをできるだけ残し、そのスープと乾燥したわかめとネギだけで雑炊を作りそれだけの夕食、長野さんはその時は面白そうにしておられたが、友人には「酷い目に遭った」と言っておられたと後日伝え聞く。やはりそうであったか。

## 溜糞場から見えてきたこと

そんな調査の成果が形となり、学会で発表されて賞まで受けられ、一緒に調査した私も自分のことのように嬉しかった。長野さんは現在芦生の調査からは離れておられ、タヌキの溜糞場調査は私一人が継続して行っている。芦生全域を歩いて溜糞場の位置とその状態を記録し、その溜糞場を毎年回って変動を調べているが、約一五〇か所にも及ぶ溜糞場を回るのは簡単ではなくかなりの負担になっている。長野さんと調査した場所は、タメ糞場の密度が高かったために一日で二〇か所くらいを回ることができるが、溜糞場の密度の低い場所では一日に五か所ほど回るのが精一杯、そのためすべてを回

溜糞場にはオクモミジハグマやツクバネソウなどの希少植物が

ジンバイソウが残った溜糞場

ササが残った溜糞場

芦生にあるタヌキの溜糞場では、絶滅危惧種に指定されているムラサキマユミ、オクモミジハグマ、クルマバハグマ、ジンバイソウ、ツクバネソウなどが見られるほか、芦生に限ると絶滅が心配されるテンニンソウ、ミヤマシグレ、ヒメアオキ、ヒメモチ、ササなどが見られる。これらの植物にとってタヌキの溜糞場は最後の砦と言ってもいいような存在であり、タヌキが生息しやすい環境が続くことにより、これらの溜糞場が継続することを願っている。

るには一〇日以上もかかってしまう。しかも最近は、尾根上を中心にシカの不嗜好性植物であるエゾユズリハやアセビなどの低木の藪が広がって、溜糞場へのアプローチが困難になってきた。

しかし、長年同じ溜糞場を見て歩いているといろんな現象を発見することできる、溜糞場が使用されなくなったり移動したり、あるいは新たな溜糞場が生まれたりと安定していない、またある季節だけ利用しているという溜糞場もある。溜糞場は、長期に亘って継続的に新しい糞が供給されるというのが最大の特徴であり、それによってシカの採食から植物が護られるという効果が維持されているようである。従って使用されなくなったりあるいは使用頻度が低くなったりすると、やがては溜糞場内の植物でもシカに食べられ始めるようになってしまう。そのため使用頻度の高い溜糞場は、植物にとってシカの採食からの避難場所のような機能を果たしていると言える。その一方タヌキにとっては、食べた果実の種子を播き、継続して糞を排泄することにより肥料の供給と採食者からの防御を行っていると見ることができ、タヌキ自身に自覚は無くともこれは栽培にほかならないのではないかと思えてくる。

森林に代表されるような自然の中では、知られていない現象がまだまだたくさんあるはずであり、また知られていても「なぜ」という謎が解き明かされていない現象も多い。しかし長期間継続して観察することによって発見できることは少なくはない。森や山へ出かけられる方は多いと思うが、そこに「継続した観察」を加えていただくなら、きっと山歩きの楽しみが飛躍的に高まることだろう。私もそんな新しい発見を期待しながら、まだしばらくは溜糞場調査を続けたいと思っている。

## 3 これからの芦生原生林

# 調査から保全へ

倒木が頻繁に起こって草原化し始めた

## 絶滅危機植物の保全活動をスタート

五年間に亘る希少植物の分布調査が終わりいよいよ報告書を書かなければならない段階になった。報告書は事実を忠実に書くことに努め、極力推測は避けるようにした。そして何とか完成させて研究林に提出、それに併せて私が所属している芦生生物相保全プロジェクト（略して「ＡＢＣプロジェクト」）のメンバーにも送り、芦生にかかわる研究者との間で芦生の希少植物の現状が共有されることになる。その結果タイミンガサやタヌキラン、コバノトンボソウなどの植物が絶滅の危機に直面しており、自生地の地形から現地での保全が困難であることが多くの人の知るところとなった。またこの報告書を基にした希少植物の現状について、写

**食べられたタイミンガサ**

芦生では急斜面に1か所自生地があるだけで、しかも3個体程度が残っているに過ぎない厳しい状況にある。急斜面なので安心していたが、ある日突然地上部のすべてがシカに食べられてしまった。そのため芦生に現存する植物の中で、現在最も危機的状況にある植物になってしまっている。この状態を放置していると近い将来には絶滅してしまうと予測されるところから、何らかの保全対策が必要であり、現在幾つかの方法によって保全を試みているところである。ただ、現場が急峻でしかも現地へのアプローチが長いこともあって、現地での保全はかなり厳しいと思われる。

**食べられる前のタイミンガサ**

真展と講演会を京都府立植物園で開いていただくことになったが、そもそも講演するというようなことをしたことがなく、一か月ほど前から寝ても覚めてもそのことばかりという日を送り、また講演会当日も多数の方がお見えになったために緊張の連続であった。

**タヌキラン**　名前にランが付いているが、ランとはまったく関係のないカヤツリグサ科のスゲの一種。芦生では流れ沿いの急斜面1か所に自生するだけの希少な植物であるが、近年シカの採食で小型化してきたところに、大雨が追い討ちをかけ、増水した川に自生地がえぐりとられて激減してしまった。

**コバノトンボソウ**　湿原に自生するランであるが、湿原がシカに踏み荒らされたために、本種も消えてしまった。しかし、由良川沿いの水の染み出すような場所は湿原と似た環境なのだろう、そこにはわずかに残っている。細くて小さい葉が1枚だけしかないため発見は困難、花も小さいため咲いていても気付かない。

その後研究林・京都大学と京都府立植物園が連携して、特に絶滅の危機が高い植物を芦生以外の場所で保護育成し、最終的にはシカの採食圧が消えた芦生の森に里帰りさせることも視野に入れた「域外保全プロジェクト」が始まった。そしてそれに併せて京都大学と京都府が協定を結ぶことになり、いよいよ具体的な保全活動がスタートする。このプロジェクトを主導されたのが阪口さんで、その後私は阪口さんの依頼で種子を採取したり現地案内をしたりすることになった。

## 保護のための防鹿柵の設置

一般人でかつ少人数でもできる保全方法として、小規模柵の設置がある。もちろん研究林の許可がないとできないが。以前はササだらけと言っても過言ではない状態であった芦生であるが、現在では見ることさえ稀な状態となっているなかで、一か所だけ広く残っている場所がある。しかしそれも近年の積雪不足のために冬でも地上に現われ、晩秋から早春のシカの餌になってしまって急速にササが衰退している。現在私の所属する「ササクエルカス」という名称のグループでは、そんなササの保全ために一・五メートル四方の柵を八か所に設置して、柵のない対照地と比較してシカの影響を調べているが、結果がほぼ明らかになったため、既存の柵を三メートル四方の柵に拡大して保全を主目的とした活動に移行しようとしている。ササは常緑であるため、積雪前に柵を下すと食べられてしまう。そこで柵を下した後にササの上を目の細かいネットで覆う必要がある。このようなことは大規模柵ではできないことであり、多雪地のササ保全は小規模柵でないと不可能ではないかと思われる。

　このササ保全メンバーの一人である平田さんは、ナラ枯れで消えたミズナラの回復のために、現存するミズナラの実生を保護して育てるという方法を考えつかれた。これは現存するものを保全する方法であり、植林などの場合に考えられる

**ミズナラのネット**　ナラ枯れのためミズナラの大木の6〜7割は枯れてしまった。一方でせっかく芽生えたミズナラの実生をシカが食べてしまうために、世代交代ができず、ナラ枯れの痕はシダの草原のようになっている。そこで実生を守って育てることにより、ミズナラの森を甦らせようとして始まった。

**ササの柵**　芦生ではササさえがシカの採食のために絶滅の危機にさらされている。シカの採食被害が収まるまで僅かに残ったササを守ろうと、有志が集まって始まったササの保全活動、設置したシカ柵の効果は素晴らしく柵外との差は歴然としている。このような姿に接することが活動のエネルギー源だ。

遺伝子汚染の心配はない。ミズナラの実生を現地で探し出しこれに単木ネットを設置するだけのことであるが、ここでも積雪期前後のネットの上げ下げは欠かせない。設置後四年を経過し、当初一〇センチ程度の高さであったものが、成長のいいものでは一メートル以上の高さまで伸び葉を広げている。今後さらに成長してシカに食べられなくなる高さにまで達したとき、一人前のミズナラとして保護のない世界に送り出すことができるだろう。それは子供を育てて社会に送り出すのと変わりがない、不安と喜びの入り混じった複雑な思いでその時を迎えるに違いない。

**上　ブナ枯れ**
**中　イワヒメワラビの群生**
**下　コバノイシカグマの群生**

ナラ枯れはほぼ終息しているが、ブナが枯れるという現象は収まっていない。健全な森であればナラ枯れやブナ枯れなどで樹木が倒れると、それまで待機していた後継樹が一気に成長してその跡を埋めるのであるが、後継樹が育っていないためにシカの食べないイワヒメワラビやコバノイシカグマといったシダが広がって、草原のような状態になっている。このシダ類の下にはシカが食べる植物が細々と生き続けていることがあり、シダ類に守られているとも言えるが、耐陰性のないものはやがて消えてしまう。また最近は、シダ類の下に餌になるような植物があることをシカが学習したのだろうか、シダ類の中を歩き回ってそれらの植物を食べるようになった。

**シカの採食で下層植生が喪失**　餌が少なくなるに伴いシカが食べる植物の種類がどんどん増え、今まで食べなかったものも食べるようになった。それと共に地上からは植物が消えて裸地が広がり、雨が降るたび土壌が流れてますます植生が回復しなくなるという悪循環に陥っている。シカの食べないシダでもあった方がいいのだろう。

単木ネットを設置している場所はミズナラやブナが次々と枯れ、そして倒れ、その後にはイワヒメワラビやコバノイシカグマといったシカの食べないシダ類が広がって、さながら草原のような景観になっている。健全な森林であれば、後継樹が待ち構えていて速やかに成長を開始し、やがて森が甦るのであるが、シカの採食のためにいつまでたっても後継樹が育たない。また健全な森林は、幾種類もの樹木が互いに支え合って存在しているためなかなか倒木が生じることはなく、たとえ倒木が生じても後継樹が急速に成長してその跡を埋めてしまう。しかし後継樹のない森林では木が倒れてぽっかりと穴が開いた（ギャップ）ような状態になると、そこから綻びが広がって、強い風が吹くたびに次々と樹木が倒れてしまうということが起こりやすくなる。そのようにして草原状の景観が生まれ拡大してきた。反面そのような場所は陽当たりがよく実生の育ちが速い、だからこそ単木ネットを設置して保全すると、良い結果が生まれるようだ。この単木ネットによる保全方法で良好な結果がでれば、ミズナラの他にブナの実生にも応用できるだろう。

## エビネ類の小規模柵設置と調査

小規模の柵としては、二〇一七年から私が単独で行っているエビネ類の調査及び保全がある。盛夏に涼しげな花を咲かせるナツエビネの清楚な姿は、夏の山にあってまさしく清涼剤のような爽やかさがある。またゴールデンウィーク明けから咲き始めるサルメンエビネ、大きな葉を広げ高く持ち上げる明るい色彩の花は、少し薄暗くなり始めた林床を華やかに彩る。しかしこれらのエビネ類は常緑であることが災いし、二〇〇七年頃から、緑が乏しい秋以降にシカの餌にされてしまうようになった。

現在では夏でも食べられて一部の自生地は消失、または花の咲かない小さな個体だけになってしまった。このような姿を毎年見続けるのは辛い、昨年まで咲いていたのに今年行くと見当たらないということが繰り返される。

　そこでエビネ類を保全するための基礎調査を始めることにした。イチゴなどのトンネル栽培用の支柱をクロスさせてネットを被せ、アンカーで止めるだけという簡単なものを設置し、設置しない対照区とどの程度違いが生じるかを調べることにした。一年でその効果が表れ、すべての葉の面積を比較すると、ネットのあるほうでは増えているまたは同程度であるのに対し、ネットの無い方は明らかに減少していた。

　ところが予想外のことが起こる。一つはクマと思われる大型哺乳類によってネットが踏まれて潰されてしまうことだった。クマは特に好奇心の強い動物のようで、支柱を踏むとペチャンコになるのが

**サルメンエビネの柵**

　芦生にはナツエビネとサルメンエビネの2種類のエビネが自生しているが、いずれもシカの採食で大きな被害を受けている。常緑であるため、晩秋から早春にかけて他に緑色をした植物が消えてしまう季節に特に被害が目立った。そこでこの被害を防ぐためにネットを被せてその効果を調べることにした。ネット設置後積雪の少ない冬が続いたため、一層ネット設置による効果があったと考えられ、設置した場所と設置しなかった場所での差が歴然としていた。毎年積雪期前後の柵の上げ下ろしとメンテナンスが必要だが、シカの被害が収まるまで続けていこうと考えている。

**柵の無いサルメンエビネ（前年の葉がなくなっている）**

面白かったに違いない。困ったものだ、壊れているのを発見するたびに立て直さなければならない。クマの仕業と思われるものは他でも時々見かける。標識用に付けられた蛍光色のテープが齧られている場面や、自動撮影カメラが叩き落されている場面など。この程度の悪戯であれば私の調査にそれほど支障はないのであるが、もう一つ困ったことが起きた。積雪による支柱破損を防ぐため、積雪期前に支柱を外してネットを被せるだけにしているのであるが、この状態のときにネットを踏むとネットの網目からエビネの葉が浮き出てくるということをシカが発見したらしい。

ネットの網目は三センチ四方であり、その網目から浮き出た葉を口でつまみ出して食べてしまったらしく、かなり酷いことになっていた。それをシカが学習したのか数か所のネットで同じことが起こり、シカの賢さに感心したものである。これからは目の詰まったネットを被せる必要がありそうだ。いずれにせよシカの採食から植物を保全するのは、シカとの知恵比べのようなものである。

**つまみ食いされたナツエビネ**　エビネ類のネットは、冬季は支柱を外してネットを被せるだけにする。積雪の少ない冬には雪の下に隠れる期間が少なくなり、またシカも越冬地に移動しないでエビネ類の自生地に留まる。そのためネットの下に見えている葉をどうしたら食べられるかと考えたのだろう、網目から葉を摘まみ出して食べられてしまった。

## 大規模柵による保全

芦生では広範囲の植生を保全するために、一つの谷全域をカバーするような大規模な防鹿柵が現在二か所に設置されている。一か所は既に書いた二〇〇六年に設置されたもので、もう一か所は二〇一六年に新たに設置されたものである。このような大規模な防鹿柵を設置するのは、設置そのものも大変だがその後の維持管理が大きな負担となる。多雪地の芦生では、防鹿柵を設置した後は時々点検してメンテナンスすればよいというだけでは済まない、柵のネットを張ったままで積雪期を迎えると、雪の沈降圧によってネットが下方に引っ張られ、それに伴って支柱が倒れたり折れたりするほか、ネットに弛みが発生し、それらによって柵内へのシカの侵入を許してしまうことになる。そのため、積雪期を迎える直前にネットを支柱から外して地上に下ろし、融雪期のできるだけ早いうちに再びネットを上げて支柱に掛ける作業が必要になってくる。また、倒木や落枝がネットに引っかかってネットに弛みが生じると、そこからもシカの侵入が起きるため、定期的な見回りとメンテナンスが欠かせない。

## 防鹿柵での回復は？

芦生周辺では、新しい植林地を柵で囲んでシカの侵入を防止している場所を何か所も見ているが、積雪期前後の柵の上げ下ろしやメンテナンスが行われていないため、設置後五年も経過するとあちこちからシカが侵入できるようになる。更に設置後十年も経つと柵は無いに等しく、単に大量のゴミが山中に投棄されたのと変わらなくなっている。このように、多雪地においては、柵を維持するには大変な労力が必要となり、これを怠ると短期間に用をなさなくなってしまう。また大規模な防鹿柵では、一度シカの侵入を許してしまうと、追い出すのが非常に困難になるという難題があるため、絶対に侵入は許さないという覚悟が必要になってくるだろう。一般市民に過ぎない私のような者が、直接大規模柵の設置に関わることはできないが、柵内の植生調査や柵のメンテナンスなどの軽微な作業であれば可能であり、実際二〇一六年に新設された大規模柵では、最初から植生調査に参加している。

　二〇〇六年に設置された柵では設置後一年で植生がかなり回復したといわれているが、それから時間が経って設置された新しい柵（二〇一六年柵）内では設置後三年を経過しても植生の回復が見られず、調査することの喜びを感じられないのは残念だ。このことは防鹿柵を設置して植生の回復を図ろうとするのであれば、できるだけ早い段階に設置しなければ効果がなかなか表れない（あるいは効果が薄い）ということを意味しているのだろう。一方二〇〇六年の大規模柵内では、柵外とは比較にならないほど植生が回復しており、その姿は、私たち芦生の森の回復を願って活動している者の支えになっている。この姿があるから続けられるのであり、やがては芦生全域がこのような森に変わってくれることを夢見ている。

**大規模柵内**　2006年に設置され、私が感動した大規模柵は、これまで多くの人の献身的な努力で維持されてきた。その結果植生が回復し、一部は藪状態になって柵外とは大きく異なっている。その回復した姿、植物が本来の力で成長している姿は、この柵の維持に関わっている人すべての求心力になっている。

コラム1

# 希少植物の域外保全プロジェクト

阪口 翔太

## ●わずかに生き延びた絶滅危惧植物

　芦生の森には九〇〇種を超える植物が分布しているが、そのうち一九四種（約二〇パーセント）は全国あるいは京都府で絶滅が危惧される種に指定されている。こうした絶滅危惧種は芦生の原生的な森林環境や険しい渓谷や岩場に守られて生き延びてきた植物たちだ。しかし二〇〇〇年前後から芦生で個体数を増やしたシカの採食によって希少植物にも甚大な被害が発生し、現在では多くの種が絶滅の淵に立たされている。

　その一種にキク科タイミンガサがある。タイミンガサは傘を広げたような葉をもつ豪壮な植物で、北陸から山陰にかけての地域に分布する。冷涼な気候と水が滲み出る傾斜地を好むため、種の分布範囲内だからといってどこにでもあるものではない。そんな希少種がかつては芦生の林内に点々とみられたようだ。内杉谷やスケン谷では標本が採取されているし、著名な植物学者の中井猛之進博士も『植物ヲ學ブモノハ一度ハ京大芦生演習林ヲ見ルベシ』という論文のなかで芦生のタイミンガサについて触れている。その一節では、大きなタイミンガサの茎を切ったところ茶飲み一杯分の無味無臭の水が出てきたとあり、中井博士がたいそう驚かれた様子が伝わってくる。ところがこの瑞々しさが災いしたのかタイミンガサはシカの餌として好まれて、芦生の森から次々と株が消えていった。そして二〇一二年にはとうとう一か所の自生地を残すまでになってしまった。

京都大学で栽培されている芦生産のタイミンガサ（2021年7月）

## ●絶滅危惧植物の選定と保全

　こうした絶滅危惧植物の危機的状況を受け、二〇一八年から芦生の希少種を生育地の外で増殖・栽培する取り組み（域外保全）を始めている。生物の保全では現地の環境を整えて個体群を回復させるのが本来的であるが、タイミンガサのように少数個体しか残っていない種では環境が改善する前に絶滅する恐れがある。このような種については、芦生の個体群がもつ遺伝子を確実に将来に残すため、安全な環境で系統を保存することが重要となる。

　この域外保全事業では本書の著者である福本繁さんの現地調査で判明した種ごとの個体数や減少率に基づき、優先的に保全する五種類の絶滅危惧植物を選定した。一個体群にまで減ったタイミンガサのほか、氷河期の生き残りとされるゼンテイカ（ツルボラン科）・タヌキラン（カヤツリグサ科）・ヒメシャガ（アヤメ科）・コバノトンボソウ（ラン科）がその対象種に決まった。域外保全はいくつものステップを踏んで進める息の長い事業のため、このプロジェクトには森を管理する芦生研究林・高い栽培技術をもつ京都府立植物園・京都大学の研究者や市民研究者が連携して推進している。

　保全対象となった種については、林内のできるだけ多くの個体群から種子や小苗を採取してきて、それをもとに京都大学の研究室で保全個体群の育成を行っている。栽培が容易なゼンテイカやタヌキラン、ヒメシャガでは多くの苗を得ることができ、なかには発芽後一年から二年で開花にいたる個体も出てきて手ごたえを感じている。

　その後、育成した苗はすべて京都大学でＤＮＡ分析を行い、個体別にバーコードを付けて管理を行っている。このバーコードには種子を採取した場所や年月日、個体別の遺伝子型といったさまざまな情報が記録されている。もしも将来的に現地へ系統を戻すことになった場合にも、このバーコードの情報があれば適切な場所に適切な個体を再導入することができるだろう。

　また遺伝的多様性の観点からは、保全個体群が血縁関係にある個体ばかりで構成されるのは好ましくない。できるだけ遺伝的に遠縁な個体どうしを組み合わせてやった方が遺伝的多様性は高くなり、結果として個体群のなかに多様な形や特性をもつ個体が含まれることになる。例えばゼンテイカでは大学院生の増田和俊さんが苗の遺伝子型を調べ、その結果から遺伝的多様性を最大化する組み合わせで保全個体群を定めることができた。このようにして作った個体群は「コアコレクション」と呼ばれ、京都府立植物園で大切に栽培がおこなわれている。もちろんコアコレクションに選ばれなかった株にも役目があり、コアコレクションが枯れてしまったときのバックアップとして京都大学や芦生研究林で栽培が続けられている。ゼンテイカやタヌキランについては、芦生研究林事務所脇に二〇二一年に設置された希少植物園で保全個体が展示栽培されているので、芦生を訪ねられた際にはぜひ覗いて行ってもらいたい。

種子から育成して３年目のゼンテイカの様子。栽培圃場で多くの花をつけている（2021 年５月）

コラム2

# 大規模シカ柵で生態系を回復させる

阪口　翔太

## ●シカの食害による生態系の危機

梅雨のころには装飾花をつけたアジサイ類が群落をなし、秋にはアシウアザミやアキチョウジなどの花を求めてトラマルハナバチが飛び交う――。

かつて芦生の森でごく普通に見られた光景は、二〇〇〇年頃からのシカの食害により消えてしまった。この森で何千年も繰り返されてきたであろう植物を起点とした生物の営みが、わずか一〇年ほどの間に失われてしまったのだ。この急激な変化は、森に関わってきた研究者にも大きなインパクトを与え、やがて『生態系を回復させる』という壮大な操作実験構想へとつながっていった。

二〇〇六年、京都大学の研究者を主体として芦生生物相保全プロジェクトが設立され、芦生の森の変化に危機感をもつ教員や学生、一般市民によって一三ヘクタール（甲子園球場一〇個分）という大面積の集水域（雨や雪が流れ込む地形単位）を囲う柵が設置された。そしてその中からシカを排除して、植物や動物を含む生物相、さらには渓流水や土壌における生態系機能に変化が生じるかを調べる環境モニタリングが始まった。

私は当時、学部三回生の学生だったのだが、植物の同定ができるということで植物調査チームから声がかかり、以後一五年間にわたってシカ柵内外の植生の変化を見つめてきた。二〇〇六年当時の植生データを見返すと、林床が植物に覆われていたのはわずか二〇パーセント程度の割合で、それ以外の場所は何も生えていない裸地であった。この二〇パーセントの植物のうち、約半分はシカが好まない植物になっていた。一般的なブナ林ではほとんどがシカの好む植物で構成されているので、すでにこの時点でシカの影響が強く表れた群落になっていたことが分かる。試験開始時がこうした状況であったため、柵で保護したところで本当に植生が戻ってくるのかどうか、期待と不安が入り混じった気持ちで試験初年度を過ごしたように記憶している。

大規模シカ柵の様子。シカの侵入を防ぐため背丈をこえる高さまでネットを張っている

## ●シカ柵の設置による森の変化

　結果からいうと、それはまったくの杞憂に終わった。シカ柵を設置してから二年で柵内の林床における植物被度は六〇パーセントを超え、五年後には足の踏み場もないほど植物が繁茂したのだ。この植物調査では、トランセクトといって森林のなかに一〇メートルおきに線を区切った調査区を設け、そのなかに出現する植物の種数をカウントすることも行った。そうするとどのような地形や環境にたくさんの種が現れるのかが分かる。もっとも多くの種が出現したのは、谷のなかでも渓流に沿った立地であり、そこには一〇メートル区間で六八種もの植物が生育していた。わずか数年前には裸地のような状態だったのだから、森の回復力にたいそう驚かされた。

　植物が回復してくると、その影響は他の生物相に波及してくるものだ。植物を餌とする昆虫の多くは専門的に食べることのできる種が決まっているので、その植物が回復することは昆虫にとっての生命線が確保されることを意味する。また低木が茂ってくると、昆虫や鳥類の隠れ家にもなる。

　このあたりは直観的にも分かりやすいが、植物の根元を通って流れる渓流の中はどうなったのだろうか？国立環境研究所の境優さんによると、植物が茂った柵内では斜面から渓流に流れ込む土砂の量が減少し、それによって上流部の水生昆虫の種数が多くなっていたという。いっぽうで柵の外では、渓流に流れ込んだ土砂の影響で川底に細かな土砂が堆積し、水生昆虫の多様性が低くなっていたそうだ。また渓流水の水質をモニタリングしている京都大学の福島慶太郎さんによれば、柵の外では本来植物に吸収されるはずの窒素分が土壌から川に流出してきているという。こうした生態系機能に関わる新知見は森を大面積で護ったからこそ得られたもので、シカと生態系の関係をとらえなおす重要なデータとなっている。

　二〇二一年現在、芦生の森では植生に回復の兆しは見えず、下層植生が豊かに繋っているのはこのシカ柵のなかだけとなった。今後、柵外でシカの影響が緩和されたとしても、二〇〇六年柵内と同じように植生が回復するかどうかは不透明である。実際、土壌に含まれる埋土種子量が時間とともに減少したことを示すデータが得られており、森の回復力には時間制限があると考えるのがよさそうだ。それを踏まえて将来の植生回復を見据えたとき、柵のなかで生きた状態で保存されている生物たちが役立つのではないか、そのような思いで調査研究を続けている。

試験開始５年後のシカ柵の中の風景。草本や稚樹で覆いつくされている（2011 年９月）

コラム3

# 多様な植物を小規模柵で守る

石原　正恵

　芦生研究林内には面積は小さいものの、少なくとも過去一〇〇年間、湿原や草地であった場所がある。そうした場所でも、シカの過採食により様々な植物が見られなくなった。そこで芦生研究林では前述の大規模シカ柵の他に、草原や湿地に小規模柵が設置されてきた。本コラムでは二〇二一年現在も継続されている小規模柵を紹介する。

　湿原では京都大学農学研究科の高柳敦准教授が中心となって、二〇〇七年に六m×六mの小規模柵が六個設置された。通常、柵を設置する場合、シカが完全に入れないようにする。しかし、シカも生態系の一部であり、一九九〇年代前半までの芦生研究林は、シカは生育しているが数が少なく、シカに採食されながらも多様な植物が生育していた。そこで、シカが柵内も多少利用できるようにしたら、どのような植生になるのかを実験的に明らかにするべく、シカの利用頻度を変えた六個の柵を設けたのである。六個のうち一個は、従来の研究のように、シカが全く利用できない完全排除柵である。他の五個のうち一個は常時ネットをおろした柵であり、残る四個は、夏期に毎月二、四、八、一六日間だけネットをおろしてシカが植物を採食できるようにした。設置前はシカがほとんど食べない植物であるイグサが優占していたが、完全排除柵の中では数年で見られなくなった。ほかの柵の中では開放日数の多さに応じて、イグサが多く残存した。開放日数の少ない柵の中ではヤノネグサ、ホソバノヨツバムグラ、ミゾソバなどの湿原性植物が回復してきた（合田・高柳、二〇〇八年）。

　このことは、シカの採食圧が低くければ、シカの利用と多様な植物の生育は両立できることを示している。現在、シカの個体数は減少したが、餌環境が悪化し採食圧が高まっているため、これらの柵は完全排除区にしている。柵内では、ミソハギ、ヌマトラノオなども生育し、わずかながらにショウブも見られるようになってきている。

　また京都大学フィールド科学教育研究センターの「森里海連環学による地域循環木文化社会創出事業（木文化プロジェクト）」の一貫で、吉岡崇仁教授（現在は特任教授）を中心に、高柳敦准教授の協力のもと、ススキなどの草原性植物を保護するために小規模柵を設置した。この場所は二〇〇六年までススキ草原が残り、鳥類が休息場所として利用していた。本来ススキはシカが好んで食べる植物ではないため、被害が目立ち始めた二〇〇〇年以降も残っていたと考えられる。しかし二〇〇七年からシカによる採食が目立ち、二〇〇八年にはススキの株が見られなくなってしまった。嗜好性植物が姿を消し、餌環境が悪化し、これまであまり好んで食べなかったススキなども食べるようになったと考えられる。そこで、野鳥の休息場所であるススキ草原を保全するため、面積約八〇〇平方メートルの小規模柵を二〇〇八年に設置した。

柵設置一年後には早くも回復が見られ、ススキをはじめ多様な植物種が見られるようになった。設置二年後には一般的なススキ草地と同程度まで植物量が回復した。約六〇～七〇種の植物が見られ、クロバナヒキオコシ、オカトラノオ、京都府レッドデータブック二〇一五で絶滅危惧種に指定されている日本固有種のバライチゴなども含まれる。現在は、遷移がすすみタニウツギなどの低木が優占し、明るい場所に生育する草本種が減少傾向にある。

さらに芦生研究林では、アシウアザミを保護するため、二〇一〇年に新たな柵を設置した。アシウアザミはかつて谷を覆い尽くすほど生育していたといわれているが、現在はこうした柵内やシカが近寄れない場所にのみ生育している。

また、芦生地域有害鳥獣対策協議会の活動の一貫で「知ろう守ろう芦生の森」ボランティア活動が二〇一二年より始まり、小規模柵が二基設置された。この活動では、イワヒメワラビなどのシカが食べない不嗜好性植物が他の嗜好性植物の回復を妨げるのではないかという仮説のもと、柵内外で不嗜好性植物を根ごと除去するという実験を行った。毎年、市民ボランティア、京都府、芦生研究林、高柳敦准教授が協力してモニタリングを行っている。柵設置後すぐに、柵内の除去区では、柵内の対照区に比べ嗜好性植物が多数生育するようになった。ブナやミズメなどの高木種の稚樹も生育している。このことから、不嗜好性植物が繁茂して嗜好性植物の回復を阻害する場合があることがわかった。他にも、ササクエルカスの皆さんが設置しているササの保護柵がある（一三五頁参照）。

こうした小規模柵は、研究者、市民科学者、ボランティア、行政、芦生研究林の技術職員の協力のもと維持されてきた。大規模柵内では見られない植物種も多く、大規模柵とあわせて芦生研究林に自生する草本種約六〇〇種の約三割が守られている。

このように小規模柵においても植物の保全・再生やシカの個体数管理に資する研究がおこなわれてきた。近年は、小規模柵が植生回復のための種子供給源として大変重要であることが我々の研究からわかってきている。これらの小規模柵を多くの方のお力を借りて、なんとしても維持していかなければならない。

**引用文献**

合田禄、高柳敦（二〇〇八）「シカの利用頻度が草本群落に及ぼす影響」『森林研究』77、三五～四一頁

## 3　これからの芦生原生林

# 原生林を次世代に引き継ぐために

若丹国境から百里ヶ岳方面を望む

これまで見てきたように、現在の芦生は様々な問題を抱えており、これらの多くは全国の森林にも共通する問題ではないかと思われる。特にシカの問題については、近畿地方はもちろんのこと、全国でも最も被害の激しい森林の一つであると考えられるところから、芦生での研究や調査・保全の試みは、全国の同じ問題を抱える森林にあっても参考になることだろう。

　原生林あるいは極相林と言われるような成熟した森林は、そこに生きる生物間の安定的な関係によって維持されており、多様な生きものが存在することによって強靭なネットワークとなる。しかし現在の芦生はそのネットワークに綻びが生じ、多様性の劣化した現在、様々な現象が現れるようになってきた。ウグイスの声が聞かれなくなり、それと共にウグイスに托卵するホトトギスの声も聞かれなくなってきた。夏や秋に開花する花がわずかとなってしまい、毒草でシカの食べないトリカブトや蜜を出さないナツエビネの結実率が高くなってきた。これらは私が感じる変化であり、そのほかにも徐々に進行する変化はたくさんあると思われる。ネットワークが強靭なときは一部の生きものが欠けたとしても、それを補う他の生きものが現れてネットワークが維持される。しかし多様な生きものが共存する環境が失われネットワークに綻びが生じると、次から次へと玉突き式に影響が広がり、ある日気が付くと取り返しのつかないことが起こっているということにもなりかねない。

　芦生の森はなぜ保全しなければならないのか？生物多様性基本法の前文には、「生物の多様性は人類の存続の基盤となっており、そのような人類共通の財産である生物の多様性を確保し、そのもたらす恵沢を将来にわたり享受できるよう、次の世代に引き継いでいくこと」の必要性が謳われているが、それ以外にも多様性の高い成熟した森林から学ぶことはいっぱいあるような気がしてならない。科学的に解明されていないことはそれこそ無限にあり、その他にも人間の生き方にまでかかわる問題、いわば哲学的なものさえ教えてくれるような気がする。

人類が誕生する遥か昔から連綿として続いてきた多様な生きものの共存する成熟した森林は、そこで生きるものたちの相互間に緊張感ある安定をもたらし、その安定した姿は生態系の一員である人類が今後も生存し続けるために必要なヒントを潜めている。また高度に分化・複雑化した現代人間社会を生きる人々が、平穏に暮らし続けるための知恵がいっぱい詰まっているような気がする。

例えば、芦生の森で最も生育条件のいい場所を占めているトチノキでさえ、膨大な量の花を咲かせて花蜂に蜜を提供し、毎年どれかの樹が実って作る果実は、動物たちの安定した餌となる。また大木となったトチノキは、その体自身がコケ類や着生植物などの宿主となり、時にはツル植物たちの支えとなって、彼らに生活の場を提供している。これらは自然選択による進化の結果であるとは思うが、一方で強いものが弱者に富みを分け与えるトチノキの優しさ、慈悲のようにも思えてならない。「情けは人の為ならず」トチノキにとって直接利益を受けるわけではなく、かえって不利益であるかもしれない。しかしトチノキは多様な生きものが暮らす森が自分にとっても暮らしやすい森なのだということを知っているのだ。ひとりトチノキだけで生きることはできない、多様な生きものと共存してこそ

**果実がたくさんできたナツエビネ**　一般にランは蜜を出さないものが多いといわれている。このナツエビネも蜜を出さずに花粉を運んでくれる昆虫を誘っているらしく、蜜が無いことが分かるとやがてやってこなくなる。ところが他に蜜を出す花が無くなってしまうと、こんな花にも頻繁に訪れるようになり、果実もたくさんできるようだ。

生きていけるのだということを。

また、多様性が失われつつある現在の芦生の森は、日々刻々とその姿を変える激動の時代を迎えている。加害者のように言われるシカでさえ現実には被害者にしか見えない。餌になる植物が極度に乏しくなった森では満足な量の食べ物にありつけることができず、夏でもやせ細り冬にしか食べなかった樹皮さえ齧るようになってきた。またシカに食べられる植物は、移動ができないために本来採食に対する適応力を持っているはずだが、その能力を越える採食圧に遭って存続の危機に陥っている。植物が消えるとその植物に依存していた動物や菌類なども影響を受けることになり、森に生きるすべての生きものが不安定な状況の中で暮らさざるを得なくなっている。この姿は現在の人間社会と重なって見えてくる、明日明後日の生活に何の心配もないような穏やかな日が続く社会が、一番安心して暮らせる生きやすい社会のはずだが、激変する現代社会はそこで生きる人々の安全で安心な生活を脅かしている。殊に変化への対応がすぐにできない植物たちと同じく、社会的弱者といわれる人たちへのダメージは大きく、そこを出発点とする不安定な社会は、やがては食物連鎖のように勝者と言われる層へも広がっていくことだろう。現在の芦生からは、そのような近

**トチノキに着生するイワギボウシ**　森の中ではトチノキは最も生育条件のいい場所を占める木でありいわば王様である。しかしトチノキは様々な植物の生育場所としてその体を提供している。その中には純粋の着生植物のほかに、本来の生活の場は地上であるがシカの採食から逃れて樹上で生育している植物（偽着生）も少なからずある。

未来の人間社会が見えるような気がする。

このように人間社会にも通じ、示唆に富む貴重な森林であるにもかかわらず、その存続すら危ぶまれる状況に至っている。シカの採食、ナラ枯れ、豪雨による増水、台風など、直接人間による行為が原因ではないが、間接的には人間の経済活動によるところが大きいと考えられている。もしもそうであれば当然に、たとえその可能性が証明されないとしても、健全な姿に戻して次の世代に引き継いでいくことが、現代を生きる人間の使命ではないだろうか。シカの採食被害一つを取り上げても、シカ自身が豊かな餌資源の中で暮らせるようにすること、それが森全体の生きものが安らかに暮らせることでもある。そのためには保全するだけではなく、シカの生息数を植物が回復する段階まで減らさなければならない。かつては食物連鎖の一段上位に当たるオオカミが存在し、積雪も多くて自然にシカの生息数が調整されてきたと思うが、そんな自然界の調整力が失われた現在は、その調整役を人間が担う以外にない。

私たちの行っている保全活動の中には、一般市民でも可能なものがあり、また大規模な活動でもボランティアとして参加することはできる。保全しなければならないことの多さに対し、資金と人材はあまりにも心もとない。多くの方に芦生の現状を伝えることにより興味を持っていただき、さらには

**シカに食べられ葉が小さくなった**　植物が持つ動物の採食に対する防衛方法の一つに、葉を小さくしさらに枝の内側に葉を出すことにより、葉を食べようとするシカなどの興味を失くさせるという方法がある。この方法を採っているものにはイヌツゲやリョウブ、カエデ類、ヤマツツジなどがあり、盆栽はこの性質を利用しているようだ。

保全活動に加わっていただくことが、私を含め保全活動に携わる者の願いである。一人の力は小さく何の役にも立たないかもしれないが、芦生の森に関心を持ち、失われた世界を蘇らせたいという思いを共有できる人が増えれば、きっといつの日か、ブナやミズナラが空に向かって枝を大きく広げ、その下には緑濃いササの藪が広がり、また谷川の流れの岸にはオシダやリョウメンシダが広がる光景が戻ってくるに違いない。

一部の人達からは「保全についてはその必要はない、このまま放置しておいてもやがては自然淘汰され一定の状態で安定する」との意見もあるようだが、森をずっと見続けてきた私にはそのようなことはあり得ないと思われる。もしもそれを可能とすることがあるとすれば、それはおそらく地球上から人類が消えてしまう時だろう。人間が現在の生活水準や利便性を手放さないのであれば、このまま放置することはできないし、してはならないと思う。

緑豊かな森林に引き寄せられ芦生に通い続けるなかで、消えていく命を見続けることの辛さ、悲しさが今の私の原動力になっていると思う。僅かに残った貴重な植物を護り伝えていこうとする行動を止めない限り、共に歩み始める人がきっと出てくるはずだ。それを信じ体力の続く限り芦生の森に関わっていきたいと願う。

## ◎参考文献


秋山恵生　『SNOW FOREST　雪の森へ』　ほおずき書籍　二〇〇七

芦生の自然を守り生かす会　『関西の秘境　芦生の森から』　かもがわ出版　一九九六

尼川大録・長田武正　『検索入門　樹木①』　保育社　一九八八

尼川大録・長田武正　『検索入門　樹木②』　保育社　一九八八

いがりまさし　『山溪ハンディ図鑑6　日本のスミレ』　山と溪谷社　一九九六

池畑怜伸　『写真でわかるシダ図鑑』　トンボ出版　二〇〇六

井上浩　『フィールド図鑑　コケ』　東海大学出版会　一九八六

今関六也・大谷吉雄・本郷次雄　編著　『山溪カラー名鑑　日本のきのこ』　山と溪谷社　一九八八

岩瀬徹・大野啓一　『写真で見る植物用語』　全国農村教育協会　二〇〇四

岩月善之助　編　『日本の野生植物　コケ』　平凡社　二〇〇一

薄葉重　『虫こぶハンドブック』　文一総合出版　二〇〇三

大井徹　『獣たちの森』　東海大学出版会　二〇〇四

大井徹　『ツキノワグマ』　東海大学出版会　二〇〇九

梶本卓也・大丸裕武・杉田久志　編著　『雪山の生態学』　東海大学出版会　二〇〇二

勝山輝男　『ネイチャーガイド　日本のスゲ』　文一総合出版　二〇〇五

叶内拓哉　『野鳥と木の実ハンドブック』　文一総合出版　二〇〇六

鎌田直人　『昆虫たちの森』　東海大学出版会　二〇〇五

川上新一・新井文彦・高野丈　『変形菌入門』　文一総合出版　二〇一八

北川尚史　『コケの生物学』　研成社　二〇一七

北村四郎・村田源・堀勝　『原色日本植物図鑑(上)』　保育社　一九五七

北村四郎・村田源　『原色日本植物図鑑(中)』　保育社　一九六一

北村四郎・村田源・小山鐵夫　『原色日本植物図鑑(下)』　保育社　一九六四

北村四郎・村田源　『原色日本植物図鑑(木本編Ⅰ)』　保育社　一九七一

北村四郎・村田源　『原色日本植物図鑑(木本編Ⅱ)』　保育社　一九七九

草川啓三　『芦生の森案内』　青山舎　二〇〇二

桑原義晴　『日本イネ科植物図譜』　全国農村教育協会　二〇〇八

木場英久・茨木靖・勝山輝男　『イネ科ハンドブック』　文一総合出版　二〇一一

小林正明　『身近な植物から花の進化を考える』　東海大学出版会　二〇〇一

小林正明　『花からたねへ』　全国農村教育協会　二〇〇七

熊谷さとし　『哺乳類のフィールドサイン観察ガイド』　文一総合出版　二〇一〇

酒井聡樹　『植物のかたち』　京都大学学術出版会　二〇〇二

佐橋憲生　『菌類の森』　東海大学出版会　二〇〇四

篠永哲　監修　『知っておきたいアウトドア危険・有毒生物安全マニュアル』　学習研究社　一九九七

柴田叡弌・日野輝明　『大台ケ原の自然誌』　東海大学出版会　二〇〇九

清水清　『植物の名前小事典』　誠文堂新光社　一九七八

種生物学会　編　『森林の生態学』　文一総合出版　二〇〇六

鈴木庸夫・高橋冬・安延尚文　『草木の種子と果実』　誠文堂新光社　二〇一二

鈴木庸夫・高橋冬・安延尚文　『樹皮と冬芽』　誠文堂新光社　二〇一四

高槻成紀『シカの生態誌』東京大学出版会　二〇〇六
津村義彦・陶山佳久 編『地図でわかる樹木の種苗移動ガイドライン』
文一総合出版　二〇一五
中静透『森のスケッチ』東海大学出版会　二〇〇四
中根勇雄『芦生研究林・植物の手引』二〇〇四
西口親雄『アマチュア森林学のすすめ　』八坂書房　二〇〇三
日本生態学会 編『森の不思議を解き明かす』文一総合出版二〇〇八
日本生態学会 編『森林生態学』共立出版　二〇一一
日本生態学会 編『生態学入門（第2版）』東京化学同人　二〇一二
日本林業技術協会 編『森林の100不思議』東京書籍　一九八八
日本林業技術協会 編『きのこの100不思議』東京書籍　一九九七
橋本郁三『食べられる野生植物大辞典』柏書房　二〇〇七
馬場多久男『葉でわかる樹木』信濃毎日新聞社　一九九九
林弥栄 編『山溪カラー名鑑　日本の野草』山と溪谷社　一九八三
林弥栄 編『山溪カラー名鑑　日本の樹木』山と溪谷社　一九八五
樋口広芳『鳥たちの生態学』朝日新聞社　一九八六
日野輝明『鳥たちの森』東海大学出版会　二〇〇四
藤井久子『特徴がよくわかる　コケ図鑑』家の光協会　二〇一七
本郷次雄 監修『山溪フィールドブックス⑩きのこ』山と溪谷社
一九九四
光田重幸『検索入門　しだの図鑑』保育社　一九八六
宮下直・井鷺裕司・千葉聡『生物多様性と生態学』朝倉書店
二〇一二
宮本拓海・しおやてるこ・NPO都市動物研究会『タヌキたちのびっ
くり東京生活』技術評論社　二〇〇八
安田守『イモムシハンドブック』文一総合出版　二〇一〇
安田守『イモムシハンドブック②』文一総合出版　二〇一二
安田守『イモムシハンドブック③』文一総合出版　二〇一四
湯本貴和・松田裕之 編著『世界遺産をシカが喰うシカと森の生態学』
文一総合出版　二〇〇六
幼菌の会 編『カラー版　きのこ図鑑』家の光協会　二〇〇一
鷲谷いづみ『絵でわかる生態系のしくみ』講談社　二〇〇八
渡辺一夫『イタヤカエデはなぜ自ら幹を枯らすのか』築地書館
二〇〇九
渡辺一夫『アセビは羊を中毒死させる』築地書館　二〇一〇
渡辺弘之『増補版　京都の秘境・芦生』ナカニシヤ出版　一九七〇
渡辺弘之『由良川源流　芦生原生林生物誌』ナカニシヤ出版
二〇〇八
日本植物生理学会「植物Q&A」https://jspp.org/hiroba/q_and_a/
和ハーブ協会「イー薬草・ドットコム」http://www.e-yakusou.com/
「松江の花図鑑」https://matsue-hana.com/
「西宮の湿生・水生植物」http://plants.minibird.jp/
「大阪南部の自然　シダ植物」http://www.ne.jp/asahi/sunsun/
tanpopo/
ウィキペディア—Wikipedia　https://ja.wikipedia.org/wiki/

## 芦生研究林基金へのご支援のお願い

かつて著名な植物学者により「植物を學ぶ者は一度は京大の芦生演習林を見るべし」と評された京都大学芦生研究林は、原生的な自然の残る貴重な森です。今後も多様な生き物がつくる豊かな生態系を守り、先進的かつ質の高い教育・研究を持続的に提供していくことが、私たちの使命です。しかし現在、さまざまな問題を抱えています。増えすぎたシカによる食害、施設の老朽化、先進的な研究設備の不足、芦生研究林へ配分される基礎予算の削減などです。

そこで二〇一六年一二月、「京都大学芦生研究林基金」を設立し、皆さまのご寄付をお願いすることになりました。皆さまからのご寄付は、以下の目的のために活用させていただきます。一〇〇年続いてきたこの森で、森の回復にむけた取り組みを継続し、変化する社会や自然環境に対応した研究・教育に挑戦しつづけるため、皆さまのご支援をお願いします。

1. **森の生き物と森の働きを守ります。**

今、保全と再生にむけた取り組みを加速させなければ、永久にこの貴重な森は失われてしまうかもしれません。植生保護柵の維持、希少植物の調査と保護などを、関係機関と協力しながら行います。

2. **芦生研究林の設備を充実させます。**

老朽化した宿泊施設を整備し、多くの学生や研究者を受け入れ、省エネ化を進めます。広大な森にアクセスするため、林道や歩道を整備し、大雪や台風などの被害から速やかに回復できるようにします。

**3．多様な研究を推進します。**

長期モニタリングデータや、AI・環境DNA等の最新技術を用いた森や川に関する研究を進めます。社会科学・民俗学・文学・芸術など、多様な研究分野による研究を促進します。若手研究者助成金制度を継続します。

ご寄付に対しましては、個人・法人ともに、法人税法・所得税法等による税制上の優遇措置が受けられます。Web申し込みフォームからのご寄付は、

https://payment.kikin.kyoto-u.ac.jp/kyoto-u/entry.php?purposeCode=350000

銀行振込用紙によるご寄付は専用の振込用紙を郵送でお送りしますので、芦生研究林までご連絡ください。

京都大学フィールド科学教育研究センター芦生研究林
〒601-0703 京都府南丹市美山町芦生
電話：0771-77-0321　Fax：0771-77-0323

# あとがき

当初この本は、芦生研究林一〇〇周年の記念として、芦生の現状を一般の方に知ってもらおうというコンセプトのもとに企画されたのでしたが、私にとっても芦生に頻繁に通うようになってからちょうど二〇年という節目であり、いい機会でもありましたので、私の体験をベースに芦生の現状を伝えることができればと考え、私が企画して大半を書くことになりました。二〇年間の中でも特に最近の一〇年間は、芦生に入ることが日常そのものとなり、一週間のスケジュールは週末の芦生のために作られているかのような日々でありました。つまり芦生のために仕事をして、芦生に入るために生きていると言っても過言ではないでしょう。二〇年を振り返る過程で、それよりもさらに以前の出来事にも触れなければならなくなり、決して平凡とは言えないこれまでの人生をもう一度たどることになったのですが、そこで分かったのは、これまで経験した様々な出来事の傍にはいつも自然（特に山）があったということ、そしてそれらは水や空気と同じように私にとって必要欠くことのできないものであったのだということです。

私自身、京都市内に住み、大阪まで通勤している毎日ですが、単にこれだけの日々の繰り返しであれば、たまの週末に郊外へ出かけることがあったとしても、森の荒廃に気付くことも関心を持つこともないでしょう。月に何度かハイキングに出かけられる方でも、関心がなければ情報も得られず、森に入られても荒廃に気付かれることもないのではないでしょうか。情報はインターネット上にもたくさんあり、興味があればすぐにそれらの情報が得られる時代でもあるわけですから、ちょっとした機会が深い関心につながることもあり得ます。ですから無関心であることが一番恐ろしいのです。芦生の森は全国的にみてもシカの被害の激しい場所であり、しかも大学の研究林であることから様々な研究がされて具体的な事例が示されています。この本も、そんな芦生の現状を具体的な例を示すことによって、多くの方に知っていただければと願い出版することになったのですが、実際にこの本を読んでくださった方が、少しでも現状を危惧していただき「何とかしなければならない」と思っていただければ望外の喜びです。

　この本の入口とでもいえる「原生林の四季」については、私が実際に観察し体験したことを中心に書くように努めた結果、研究者の方には絶対に書けない、空想と偏見に満ちた「福本の世界」とでも言えるような内容になっています。従って根拠の少ない仮説のようなものも多々あって、誤っているものもあるかもしれませんが、できるだけ自然に対して興味を持っていただきたいとの願いから、筆が滑ってしまったきらいがあり、その点についてはお許しいただきたいと思います。

　出版に当たっては、芦生研究林・林長の石原様には「はじめに」とコラム欄の一つを書いていただき、京都大学の阪口様にはコラム欄二つを書いていただいただけでなく、お二人とも超多忙な中、つたない文章の細部まで点検していただきました。ナカニシヤ出版の草川様にはご自分の豊富な山歩きや編集の経験を生かして想像以上に素晴らしい本にしていただきました。調査を手伝っていただいた駒井さんや平田さん、タヌキの溜糞を一緒に追いかけた長野さん、ブログをずっと読んでくださった読者の方、その他多くの方々のおかげで立派な本を出版できたことに感謝するとともに、芦生通いを許してくれた家族には本当に感謝以外の言葉がありません、皆様ありがとうございました。

二〇二一年　初秋

福本　繁

福本　繁（ふくもと　しげる）

1953年　奈良県生まれ　小さいときから野山に親しむ
1971年から3年間　日本中を自転車で旅する
1975年　東北と信州の山々を長期にわたって旅する
1976年　残雪の北アルプス長期縦走
1976年から5年間　北海道大雪山で高山植物監視員
2002年　芦生に頻繁に入林　現在に至る
司法書士　京都市山科区在住

石原正恵（いしはら　まさえ）

京都大学フィールド科学教育研究センター 准教授、博士（農学）
芦生研究林　林長

阪口翔太（さかぐち　しょうた）

京都大学大学院 地球環境学堂／人間・環境学研究科 助教、博士（農学）

# 芦生原生林を歩きつくす

2021年12月28日　初版第1刷発行　定価はカバーに表示してあります

著　者　　福本　繁

発行者　　中西　良
発行所　　株式会社ナカニシヤ出版
〒606-8161　京都市左京区一乗寺木ノ本町15番地
電　話　075－723－0111
FAX　075－723－0095
振替口座　01030－0－13128
URL　http://www.nakanishiya.co.jp/
E-mail　iihon-ippai@nakanishiya.co.jp

落丁・乱丁本はお取り替えします。ISBN978-4-7795-1610-8 C0045

装丁　草川啓三
印刷・製本　ファインワークス